偽装請負
労働安全衛生法と建設業法の接点

みなとみらい労働法務事務所

所長　菊一　功　著

はじめに

　「労働者派遣法では、元請が下請に対し積極的に関与すると偽装請負になりますが、建設業法では逆に下請に対し積極的に実質的関与を求めており、矛盾していませんか？」、「元請が下請労働者の不安全行動を注意すると労働者派遣法違反になりませんか？」という質問がなされました。もちろん、実質的な関与が下請の責任者になされ、下請労働者を直接指揮命令するものでなければ、労働者派遣法違反にはなりませんし、労働安全衛生法29条やその他の根拠から下請労働者に対する注意も労働者派遣法違反にはなりません。

　製造業や情報処理産業、倉庫業等で偽装請負問題が話題となりましたが、建設業ではあまり大きく取り上げられていません。しかし現場からは多くの質問が寄せられています。

　建設現場に関しても、「労働安全衛生法」・「労災保険法」・「労働者派遣法」から「建設業法」まで幅広く関係する質問が多く寄せられ、建設業法も無視できない状況にあります。

　元請が下請労働者を指揮監督する例として、下請責任者の現場不在が挙げられますが、これは労働者派遣法（偽装請負）と建設業法の双方に違反する可能性があります。

　偽装請負防止と一括下請負防止には、現場責任者の常駐化が不可欠です。

　また、建設現場では関係法令の不知・無理解のため、実態として法に抵触していることが多々あり、発注者等も施工業者に「法の不知」で違反行為を指示している例もあります。

　一方、これら関係法を適用してみますと、労働者派遣法が刑罰法規である労働安全衛生法や民事損害賠償（民法）にまで大きく影響する可能性があり、労働者派遣法万能主義に多少疑問を感じています。

　本書は、これまでの著書「偽装請負と事業主責任」等から建設業関連を集約し、実際に現場から寄せられた質問事項を、建設業法（監理技術者等の配置や一括下請

負禁止）・労働安全衛生法・労働基準法・労災保険法・労働者派遣法・民法の各視点で検討しています。

　何分にも参考資料や通達、判例等もほとんどないことから、全くの手探り状態でした。

　筆者としては、客観性を保つことに苦心しましたが、この点をご斟酌していただくとともに、労働安全衛生法側からの一方的な切り口ですが、皆様のご参考になれば幸いです。

　みなとみらい労働法務事務所　所長　菊一　功

目　次

はじめに ・・・・・・・・・・・・・・・・・・・・・・・・・・ 3
建設業法 ・・・・・・・・・・・・・・・・・・・・・・・・・・ 17
建設業法と労働安全衛生法・労働者派遣法の接点 ・・・・・・・・ 18

第1章　建設業法の基礎知識

1　はじめに ・・・・・・・・・・・・・・・・・・・・・・・・ 19
2　国土交通省と厚生労働省の連携の強化 ・・・・・・・・・・・ 22
3　建設業法の基礎知識 ・・・・・・・・・・・・・・・・・・・ 23

第2章　労働者派遣事業と請負の区別

1　はじめに ・・・・・・・・・・・・・・・・・・・・・・・・ 35
2　偽装請負に対する関係法令の対応 ・・・・・・・・・・・・・ 37
3　偽装請負に対する行政の対応について ・・・・・・・・・・・ 39
4　請負や出向なのに、なぜ派遣か ・・・・・・・・・・・・・・ 41
5　請負と労働者派遣との違い（1）労働者派遣事業とは ・・・・ 42
6　請負と労働者派遣との違い（2）請負とは ・・・・・・・・・ 45
7　業務委託・委任（準委任）について ・・・・・・・・・・・・ 47
8　注文主が発注した作業に介入する範囲 ・・・・・・・・・・・ 48
9　労働者派遣事業と労働者供給事業との違い ・・・・・・・・・ 51
10　労働者派遣事業と出向との違い ・・・・・・・・・・・・・ 52
11　労働者派遣法違反についての罰則 ・・・・・・・・・・・・ 55
12　偽装請負等に対する建設業法の立場 ・・・・・・・・・・・ 56
13　警備業における請負と労働者派遣 ・・・・・・・・・・・・ 57

14　警備業における労働者派遣法違反の形態 ・・・・・・・・・・・・　58

第3章　重層請負における元請の責任について
　　　　　（建設業界における偽装請負事例と防止対策）

　　15　安全措置義務違反（労働安全衛生法）・・・・・・・・・・・　63
事例で見る偽装請負
　　16　事例…その1　　捜査報告書（仮）（建設業）・・・・・・・　66
　　17　事例…その2　（建設業）・・・・・・・・・・・・　71
　　18　「常用（常傭）」について（参考）・・・・・・・・・・・　75
　　19　建設業で派遣業務ができるもの（参考）・・・・・・・・・　78
　　20　設計監理を行う者は、特定元方事業者ではない。（参考）・・・　80
　偽装請負の防止（是正）対策　多重派遣の改善 ・・・・・・・・・　81
　　21　対応について ・・・・・・・・・・・・・・・・・・・・　82
　検討課題 ・・・・・・・・・・・・・・・・・・・・・・・・・　89
　現場往復時の交通災害（交通事故と労災保険）について ・・・・・　91

第4章　建設業法と労働安全衛生法・労働者派遣法等に関する
　　　　　相談事例Q＆A

　Q1　労務のみの常傭工事は、単価契約である場合が多いが、
　　　　請負契約工事になるでしょうか。・・・・・・・・・・・・　96
　Q2　作業員を常傭作業員として他の建設会社から調達する
　　　　場合、建設工事の請負契約に該当となるでしょうか。・・・・・　98
　Q3　元請負人が請け負った一式工事のうち、その一部を元
　　　　請負人の管理の下に材料を支給し、同業者等から労
　　　　務者を受け入れて施工する場合は、下請契約を締結
　　　　しないといけないですか。または雇用として賃金によ

　　　　る処理としてよろしいですか。・・・・・・・・・・・・・・・・100

Q4　直営施工について（会社組織でない労務班を直接指揮
　　命令して施工する場合）
　　当社は、土工事を系列会社に施工させております。
　　重機械は、当社所有で、工程・オペレータの配置等にも
　　関与しております。また、会社組織でない4～6人程
　　度の労務班に、型枠・鉄筋・コンクリート・土工等の
　　施工をさせましたが、当社職員が、安全・品質出来形・
　　工程・施工方法等について直接、指揮して施工してい
　　る為、施工体制台帳及び施工体系図には、下請と記載
　　しておりません。このようなケースの場合直営施工と
　　考えてよろしいですか。・・・・・・・・・・・・・・・・103

Q5　社内の業務改善の過程で分社した子会社に、重機土工を
　　下請けさせる場合
　　元請の所有している重機類を有償貸与、材料は有償支給
　　しているようなケースは、直営施工とみなして差し支え
　　ないのではないですか。・・・・・・・・・・・・・・・104

Q6　発注者から、据付工事込みの＊＊＊設備設計・製作とい
　　う件名で売買契約扱いで注文が出る予定です。これは建
　　設業法でいう「請負契約」に該当しますか。・・・・・・105

Q7　1次下請負人が元請負人の子会社の場合、主任技術者は
　　元請負人の出向社員でもよろしいですか。1次下請負
　　人に転籍出向していれば問題ないのでしょうか。・・・・106

Q8　親会社及びその子会社の間の在籍出向社員に係わる
　　主任技術者または監理技術者の雇用関係の取扱い
　　のポイントについて教えてください。・・・・・・・・・107

Q9　連結子会社は同じ企業集団に属する他の連結子会社か
　　らの出向社員を主任技術者または監理技術者として

　　　　工事現場に置くことはできないのですか。・・・・・・・・・ 109

Q10　複数の建設会社が共同して建設事業を行う場合であっ
　　　て、共同企業体方式（甲型共同企業体：JV）で請負形
　　　式をとる場合に、JVの代表会社の責任者（所長）が他
　　　の構成会社の社員に指揮命令することは偽装請負にな
　　　るか。・・・・・・・・・・・・・・・・・・・・・・・ 110

Q11　共同企業体構成員による下請受注について
　　　例えば下水管工事を2社JVで施工を担当する場合に、
　　　共同企業体構成員の1社が施工機械・作業員を自社で
　　　保有しているとき、工事の一部分をJVより直接1次
　　　下請として施工するケースは認められるでしょうか。・・・・・ 111

Q12　JV（建設共同企業体）を3社（A社が代表・B社・C社）
　　　で構成していますが、JVに当社（C社）から派遣する
　　　社員2名のうち1名を、当社と契約した派遣会社の社
　　　員（派遣可能な技術者）を充てたいのですが、二重派
　　　遣になりませんか。・・・・・・・・・・・・・・・・・ 113

Q13　JVで一般事務の臨時職員を1名雇用し、技術管理を任
　　　せる派遣社員を1名入れたいのですが、JVで契約して
　　　よいですか。・・・・・・・・・・・・・・・・・・・・ 116

Q14　企業体による受注工事での1次下請負人とは、経常建
　　　設共同企業体（構成会社3社）が工事を受注し各社1
　　　名計3名で工事を施工する。材料費、交通整理人は、
　　　企業体が直接契約し、企業体の構成会社の2社が分割
　　　して工事を施工する場合（手間のみ契約）、この2社は
　　　1次下請負人でよろしいですか。・・・・・・・・・・・ 118

Q15　ブルドーザをオペレータ付きで賃借したが、リース契
　　　約により派遣されてきたオペレータに対し、指揮命令
　　　をして作業に従事させたときは、当社が派遣先として

　　　　労働安全衛生法上の事業者責任を負いますか。・・・・・・・・・121

Q16　オペ付きリース契約の建設機械を現場から搬出中、荷
　　　崩れで運搬車両が横転し運転者と第三者が被災した
　　　場合、労働安全衛生法、労災保険法、建設業法、民
　　　法（民事損害賠償）等関係法令の適用状況はどう
　　　なりますか。・・・・・・・・・・・・・・・・・・・・・・・・・・・・・・・・123

Q17　（1）オペレータ付きでリース契約をした場合、請負と
　　　　　なりますか。
　　　（2）労務のみの常庸の場合、またはオペレータ付きリ
　　　　　ース契約が請負とみなされる場合は、注文書、注
　　　　　文請書により、予定数量を入れた上で単価契約
　　　　　としてよろしいか。・・・・・・・・・・・・・・・・・・・・・126

Q18　（1）元請から建材商社が下請負して、当社が再下請
　　　　　負をしましたが、建材商社の主任技術者は3日に
　　　　　1回程度しか現場に来ません。このような施工体
　　　　　系の場合、一括下請負に該当しますか。
　　　（2）労働者派遣法違反になりますか。・・・・・・・・・・・127

Q19　昼夜作業のトンネル工事で、発注者から強く現場常駐
　　　を求められた現場代理人、頻繁に日中開催される発注
　　　者等との打合わせ会議に代理出席を認められず過労気
　　　味だが何とかなりませんか。・・・・・・・・・・・・・・・・129

Q20　現場代理人が、私用で仕事を休む必要があり、事前に
　　　発注者に代理人をたてる相談をしたところ、現場常
　　　駐を強く求められ、結果的に年次有給休暇の取得が
　　　できなくなった。・・・・・・・・・・・・・・・・・・・・・・・・・131

Q21　請負業務に必要な機械・設備、材料等は、請負業者の
　　　責任で準備・調達とあります。
　　　ボイラーの保守・運転の業務委託の場合、ボイラー使

　　　　用料、水、燃料（ガス）等を有料にしなければなりま
　　　　せんか。・・・・・・・・・・・・・・・・・・・・・・・・134
Q22　労働者派遣法の適用において厚生労働省告示に
　　　よると、請負である場合は、材料若しくは資材は、
　　　下請負人が自己の責任と負担で準備するもの、と
　　　されていますが、元請が資材等を支給することに
　　　問題があるのですか。・・・・・・・・・・・・・・・・・135
Q23　1次下請負人が元請負人の子会社の場合、主任技術
　　　者は、元請人の出向社員でもよろしいですか。
　　　1次下請負人に転籍出向していれば問題ないので
　　　しょうか。・・・・・・・・・・・・・・・・・・・・・・・136
Q24　1次下請人における主任技術者の配置（専任・非専任）
　　　についてどのように判断すればよいでしょうか。
　　　下請負人の作業日だけ常駐すればよいのでしょうか。
　　　工事期間中拘束されるのでしょうか。
　　　当該下請負人の作業がない場合は他の届出現場で
　　　従事（いわゆる兼務）してもよいでしょうか。・・・・・・・137
Q25　建設業許可のない商社が元請で全く工事に関与しないが、
　　　この元請から下請負分離を受けた場合
　　　（1）建設業許可のない商社が元請として労災保険の成
　　　　　立ができるのか
　　　（2）建設業で禁止している「一括下請負」のおそれの
　　　　　ある場合でも、下請分離が認可されるのか
　　　（3）下請分離と一括下請負いとの関係は
　　　　　「徴収法」＝労働保険の保険料の徴収等に関する法律・・・138
Q26　発注者から工事の依頼を受けた商社が全く工事
　　　の施工に関与せず、もっぱら1次下請負以下の建設業
　　　者が施工する場合、労災保険の適用関係はどうな

りますか。また、建設業法による「一括下請負」
に該当しませんか。・・・・・・・・・・・・・・・・・・・・・・・140

Q27　当社は元請として発注者から3億円で請け負い、これ
　　　を2億8千万円で下請に請け負わせ、労災保険関係は
　　　下請分離させるが、下記事項はどのようになるか。
　　　（1）当社の労災保険関係について
　　　（2）実際の工事施工は1次下請が行うので、特定元方
　　　　　事業開始届や足場の設置届は1次下請の名前でよ
　　　　　いか
　　　（3）建設業法関係について・・・・・・・・・・・・・・144

Q28　当社・元請は、発注者から一括下請負承認を受け、さ
　　　らに労災保険においても8条申請による承認を受け、
　　　下請業者に労災保険を成立させたが、建設工事の施工
　　　一切を下請に任せ、特定元方事業者を委託させた。
　　　この場合「特定元方事業開始届」及び「労働安全衛生
　　　法88条に定める足場の設置届」は、当社名か、それと
　　　も特定元方事業者を委託した下請名か。・・・・・・・145

Q29　発注者との契約が遅れ、労働安全衛生法88条に基づく、
　　　足場等計画届の所定の期日に間に合わず遅れてしまい
　　　ました。そのため監督署から遅延理由書の提出を求め
　　　られましたが、発注者との契約が遅れた旨を記載し提
　　　出しました。今後は発注者にも協力をお願いしたいの
　　　ですが。・・・・・・・・・・・・・・・・・・・・・147

Q30　ビル管理会社が、ビルオーナーに依頼されて内装工事
　　　などを専門工事業者に請け負わせる場合に、建設業許可
　　　が必要か。・・・・・・・・・・・・・・・・・・・・148

Q31　当社は事務機器を販売する会社ですが発注者の事務
　　　所に設置まで行います。事務機器を発注者の事務所に

　　　　設置する場合、配線工事が主体の電気設備工事やパーテーション等部屋の間仕切りを行います。これらの工事は当社ではできないので専門工事会社に請け負わせています。この場合、当社が元請となり、労災保険に加入しなければなりませんか。当社は建設業許可はありません。専門工事会社は建設業許可が必要ですか。・・・・・・・・・・・・・・・・・・・・・・・・・150

Q 32　施工体制台帳の記載に関して
　　　　小規模の現場における、「安全衛生責任者」「安全衛生推進者」はその現場の安全衛生業務を担当するものの組織上の名称であり、労働安全衛生法で定められたものと異なっていると解釈してもよろしいと思います。従って、現場の規模に応じて自社の組織の名称を適用すればよいはずですが。・・・・・・・・・・・・・・・・・・・・152

Q 33　下請労働者の不安全行為に対する注意は指揮命令か。
　　　　下請労働者の不安全行動に対し、元請（注文主）が注意や指示することは、偽装請負との関係で指揮命令に該当するか。・・・・・・・・・・・・・・・・・・・・・・・154

Q 34　1次下請の（主任技術）者が毎日現場に顔を出し、元請と打ち合わせをし、その結果を2次下請に伝えているが問題はないか。・・・・・・・・・・・・・・155

Q 35　労働者派遣法では、元請が下請に対し積極的に関与すると偽装請負になりますが、建設業法では逆に下請に対し積極的に実質的関与を求めており、矛盾していませんか。
　　1　建設業法が求める「実質的な関与」が、労働者派遣法が禁止する下請に対し「指揮命令」に至ると、労働者派遣法違反となるか

2　「下請負人に対する技術指導、監督等」（建業法）の
　　　うち、監督等が「指揮命令」と認定されると労働者
　　　派遣法違反となるか ・・・・・・・・・・・・・・・・・・・・・・・・・・・・・・・ 156

第5章　労働者派遣法などの質問

Q1　A社からB社への出向者を、B社の現場の統括安全衛生
　　　責任者に選任できるか。・・・・・・・・・・・・・・・・・・・・・・・・・・ 159

Q2　安全管理者、衛生管理者、衛生推進者は、派遣労働者を
　　　選任できないか。・・・・・・・・・・・・・・・・・・・・・・・・・・・・・・・・ 160

Q3　総括安全衛生管理者及び統括安全衛生責任者は、自社社
　　　員以外でも選任できるか（派遣労働者を選任できるか）。・・・・ 160

Q4　二重出向が許されるか。・・・・・・・・・・・・・・・・・・・・・・・・・・ 162

Q5　二重派遣が許されるか。違反は労働者派遣法違反か。・・・ 163

Q6　出向者を派遣できるか。・・・・・・・・・・・・・・・・・・・・・・・・・・ 164

Q7　派遣労働者を出向させられるか。・・・・・・・・・・・・・・・・・・・・ 164

Q8　派遣労働者を指揮命令し、請負ができるか。・・・・・・・・・・ 165

Q9　1次下請会社に酸素欠乏危険作業主任者がいるが、2
　　　次下請会社にいない場合に、2次下請会社に酸素欠乏
　　　危険作業主任者を選任していないとして労働基準監
　　　督官から是正勧告書を交付されたが、1次下請会社に
　　　酸素欠乏危険作業主任者がいればよいのではないか。・・・・・ 166

Q10　複数のメーカー・ソフトハウスが共同してソフトウェ
　　　ア開発を行う場合であって、共同企業体方式（ジョイ
　　　ントベンチャー・JV）で請負形式をとる場合に偽装請
　　　負になるか。派遣形式の場合はどうか。・・・・・・・・・・・・・・ 168

Q11　業務委託は、請負とは異なるので、偽装請負の問題は
　　　生じないのではないか。・・・・・・・・・・・・・・・・・・・・・・・・・・ 170

Q 12 当社は個人事業主と請負契約（業務委託契約）を締結
　　　していますが、現場では元請から指揮命令を受けるこ
　　　とがあります。これは偽装請負になりますか。・・・・・・・・171

Q 13 時間外協定届や労働者死傷病報告の「事業の種類」は、
　　　労働基準法の別表第1の事業か、労災保険の適用事業
　　　か。・・172

Q 14 建設業の本社や支店は、労働基準法、労働安全衛生法、労
　　　災保険法で適用業種が異なるのか。・・・・・・・・・・・・・・173

Q 15 当社は、機械金属製造業であるが、当社工場内に電
　　　気機械設備の修理を専門とする下請業者が、修理作業員
　　　5名を常駐させている。
　　　　この場合、不特定の設備を故障の都度行う修理の場合
　　　や特定設備の定期的・計画的な修理の場合がある。契
　　　約は請負契約となっているが、場合によっては、当社が
　　　下請作業員に対し直接作業指示を行うこともある。
　　　　下請作業員がその仕事中に負傷した場合に労働者派遣
　　　法の関係で当社が事業者責任を問われるか。・・・・・・・174

Q 16 Aは構内下請甲会社の労働者5名の中で、他の4名に
　　　比較して溶接作業の経験が長く、年齢も上であること
　　　からリーダー的な立場にある。
　　　　Aが現場責任者として注文者からの作業指示を受け、
　　　それを他の4名の作業員に伝達すれば、注文者から
　　　下請労働者に直接指揮命令がない（偽装請負でない）
　　　といえるか。・・・・・・・・・・・・・・・・・・・・・・・・・・・・・・・・・175

Q 17 Q 16の場合に、Aがリーダー的立場で他の4名と一
　　　緒に業務として鉄骨屋根の修理工事（溶接作業）を
　　　行っている際に、墜落防止措置がない状態で1名が
　　　墜落死亡したとき、Aに現場責任者としての労働安全

衛生法上の責任は問えるか。
　　労働安全衛生法と労働者派遣法との間で、下請現場責任者の条件に差はあるか。・・・・・・・・・・・176

Q 18　製造業Ａ社の構内下請Ｂ社の労働者乙は、クレーンの無資格運転をしたところ、運転を誤り同僚丙の後頭部に荷を激突させ死亡させた。労働者乙に指揮命令を行っていた者が、Ｂ社の元請であるＡ社の職長の甲であったこと等の実態から、労働者派遣法が適用され、Ｂ社は派遣元、Ａ社は派遣先として、Ａ社職長甲と両罰規定でＡ社が送検対象となると考えられる。しかし、Ｂ社については、派遣元とされると労働安全衛生法の責任がないことになり、不公平ではないか。もし、Ｂ社の社長が当日は現場不在でも、数日前に労働者乙がクレーンの運転資格がないのに運転を行っているのを知っていた場合でも責任がないのか。・・・・・177

Q 19　当社に派遣された派遣労働者を当社の製品の店頭販売・キャンペーンのため、デパートの売り場で働いてもらっている。
　（１）当社の社員が不在のときは、客や他の店員の状況をみてデパート側から直接派遣労働者に休憩を指示されるが、問題はないか。
　（２）当社の仕事が早く終わった場合、デパート側から他社の製品の販売を派遣労働者に直接指示されることがあるが問題はないか。・・・・・・・・・・・179

Q 20　現場の安全担当者を下請から在籍出向させることはできますか・・・・・・・・・・・・・・・・・・・・・180

資　料

発注者・受注者間における建設業法令遵守ガイドライン ・・・・・・・ 181
施工体制台帳（作成例） ・・・・・・・・・・・・・・・・・・・・ 207
再下請負通知書（作成例） ・・・・・・・・・・・・・・・・・・・ 209
請負の適正化のための自主点検表 ・・・・・・・・・・・・・・・・ 211
労働者性の判断基準 ・・・・・・・・・・・・・・・・・・・・・・ 214
労働基準法等の適用 ・・・・・・・・・・・・・・・・・・・・・・ 217

建設業法

1　建設投資はピーク時（平成2年度）から平成17年をみると約40%減少しているのに対し、建設就業者数は約3.4%減少しています。しかし、建設許可業者数は逆に増加しており、建設業界は少なくなったパイを増加する業者が奪い合っているのが現状です。

　この結果として、なりふり構わない受注の争奪戦が繰り広げられ、法令違反行為が顕在化するに至っています。国土交通省は、このような状況を放置すれば、公正・公平な競争基盤を阻害し、ひいては建設産業そのものが衰退してしまうことを懸念し、平成19年度から違反行為への対応の充実・強化を含めた新しい施策を行っています。

2　ここでは、不良・不適格業者の排除、優秀な業者の育成が大きな目標と考えられます。

　つまり、「監理技術者等も専任できない業者、社会保険さえ加入できない業者、一括下請負を繰返す業者等は、不良・不適格業者として、この建設業界から排除する。」という強いメッセージが込められているように思います。

3　これまで悪しき慣習として認められてきたことも、理屈に合わないものは次々と見直しが始められています。これが談合問題、偽装請負問題、利息制限法を超える貸金業問題となり、社会問題化し、今や見直しに聖域がなくなっています。国はこれまでタブーとされていた全ての分野を見直し、労働者派遣法の厳格適用や貸金業法改正のように、積極的に改革に取り組むようです。

　社会が発する、あるいは国が発する方向転換のメッセージを見誤ってはならず、的確な対応が求められます。

資　料　　　　　　　　　　　　　　　　　　　　　181ページ参照
建設業法令遵守ガイドラインについて　－元請負人と下請負人の関係に係る留意点－
　　　　　　　　　　　　　　　　　国土交通省総合政策局建設業課
　　　　　　　　　　　　　　　　　平成19年7月2日

建設業法と労働安全衛生法・労働者派遣法の接点

　自社と雇用関係のない他社の労働者に対して指揮命令が出来るのは、現行法においては、労働者派遣だけである。

※　本書は、労働法令と建設業法にかかわる、建設業全般の問題について、安全管理の視点から解説するものです。

第1章

建設業法の基礎知識

1 はじめに

1 建設産業を取り巻く環境

（1）建設投資は、ピーク時（平成2年度）は85.4兆円であり、平成17年は51.8兆円で約40%減少している。同年比較でみると、建設就業者数は588万人から568万人と約3.4%の減少であるが、建設許可業者数は50.9万社から56.3万社へと逆に増加している。

　このような状況下にあって、受注競争がますます激化する傾向にあり、公平・公正な競争基盤を阻害する状況が現れ、安全関係法及び建設業法違反の顕在化が指摘されている。

　元請が無理な受注をした結果、経営基盤が不安定となった、下請が原価割れ受注を強要された、下請代金から合理的理由のない経費を一方的に差し引かれたという声が聞こえている。

　これが必要な人員の削減（安全責任者・監理技術者等未配置）と安全経費の削減につながり、災害に結びついている可能性もある。

　労働災害防止の見地からも、受注競争の激化からくる弊害を無視できない状況にある。

（2）国土交通省は、建設投資が減少し受注競争が激化する建設産業において、

次のような法令違反行為の顕在化を指摘している。
① 一括下請負
② 監理技術者等の専任義務違反・名義貸し
③ 下請業者へのしわ寄せ（指値、赤伝の存在等）
④ 社会保険、労働保険の未加入　等

（3）このような状況を放置すれば、公平・公正な競争基盤を阻害し、建設産業が衰退する遠因になるものと懸念されている。

2　施策の方向

このような状況に対応するため、国土交通省は次のような施策の方向性を示した。

（1）違反行為への対応の充実・強化

① 情報収集の強化

4月から「駆け込みホットライン」を設置し、広く法令違反情報の収集を始めた（205ページ参照）。

公共工事・民間工事を問わない通報窓口機能を持たせ、新設業者、部内者、民間発注者、一般国民などから違反情報を積極的に収集するものである。

② 実施体制の強化

施工体制Ｇメンを80人から140人に拡充し、立ち入り調査件数を、従来の年400件から1,000件に増加させ、民間発注工事も対象とする。

③ ペナルティの強化

繰り返し違反者への加重措置の強化　等

④ 関係機関との連携

厚生労働省、公正取引委員会等関係省庁との連携の強化　等

（2）対象とする主な法令違反行為

不良・不適格業者を排除し、優れた業者が生き残る公正・公平な競争基盤の

確立を図るため、主として以下の法令違反を対象とした取締りを実施
① 　一括下請負
② 　監理技術者等の専任義務違反・名義貸し
③ 　元請下請関係の適正化
④ 　労働保険関係法令（社会保険、労働保険等）

2 国土交通省と厚生労働省の連携の強化

1　厚生労働省は、従来から建設業法24条の6により建設現場内で発生した①賃金不払い事件、②死亡・重大災害等による送検事件については、国土交通省にその事実を通報しており、これを受けて国土交通省も建設業法により対応してきた。

　　国土交通省の提唱する、厚生労働省との連携の強化の内容は、いまだ確認されていないが、死亡・重大災害等による送検事件について、災害発生の一因に監理技術者等の未配置が指摘される場合等については、通報される可能性がある。

2　特に、労働者派遣法を適用して元請を派遣先と認定し、派遣先（元請）及びその責任者のみを労働安全衛生法違反等で立件し、派遣元（下請）及びその責任者を不問にする昨今、派遣元（下請）主任技術者の未配置が確認された場合は、国土交通省に通報されるであろう。下請の責任者が現場不在であるがゆえに、下請に何も責任がないというのは、下請が事業者責任の意識を失い、あるいは回避することになり不合理だからである。（89、171ページ参照）

3　国土交通省・都道府県は、建設業の許可行政庁であると同時に公共工事発注者という二面性を有している。この内部の連携強化も重要である。

　　厚生労働省（地方労働局）内部においても、安定部署と基準部署が分かれているが、労働者派遣法の情報に関しては連携が強化されている。

　　図はこの関係を示しているが、事業場に対する合同臨検も行われている。

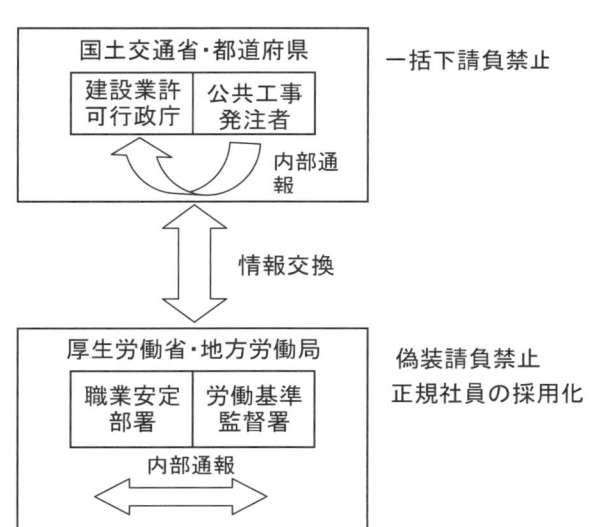

行政連絡体制

3　建設業法の基礎知識

　本書は、労働安全衛生法や労働者派遣法との接点で建設業法の一部だけ触れています。

　建設業法の多くを知りたい場合は、下記をインターネットで検索してください。

　都道府県や市において、独自の基準を設けているので、各地区で確認してください。

○　建設業相談事例集 Q&A
　　平成 14 年 11 月　　　国土交通省関東地方整備局建政部建設産業課
○　建設業相談事例 Q&A
　　平成 15 年 3 月　　　　国土交通省中部地方整備局建政部建設産業課
○　建設業法に基づく適正な施工の確保に向けて
　　平成 19 年 3 月　　　　国土交通省中部地方整備局建政部建設産業課
○　建設業関係法規に関する相談事例集 Q&A
　　平成 16 年 12 月　　　社団法人高知県建設業協会
○　建設業者のための建設業法 Q&A
　　平成 18 年 3 月　　　　静岡県土木部建設業室・（社）静岡県建設産業団体連合会
○　主任技術者、監理技術者及び現場代理人について
　　平成 18 年 12 月 26 日 横浜市建築保全公社
○　「建設業者のための建設業法」
　　平成 19 年 3 月　　　　国土交通省北陸地方整備局建政部計画・建設産業課
○　よりよい施工体制を求めて
　　平成 21 年 6 月　　　　国土交通省北陸地方整備局
○　建設業法 Q＆A
　　平成 21 年度版　　　　鳥取県土木部総務課
○　その他、近畿地方整備局等各地方整備局や都道府県・市で公表している。

1　一括下請負

（1）一括下請負は、「工事の丸投げ」とも呼ばれている。

　　一括下請負とは、工事を請け負った建設業者が、

① 施工において「実質的な関与」を行わず、

② 下請にその工事の全部または独立した一部を請け負わせることをいう

（2）建設業法が一括下請負を禁止している理由

① 発注者が建設業者に寄せた信頼を裏切る

② 施工責任があいまいになることで、手抜工事や労働条件の悪化につながる

```
                          一括下請負

                          ┌─────────┐
                          │  発注者  │
                          └─────────┘
                               ↓ 請負契約
        一括して人に請負    ┌─────────┐
        わせることの禁止    │  元請    │
                          └─────────┘
                               ↓ 下請契約
        一括して人から請    ┌─────────┐
        負うことの禁止      │ 1次下請  │      下請相互間でも
                          └─────────┘      一括下請負禁止
                               ↓ 下請契約
                          ┌─────────┐
                          │ 2次下請  │
                          └─────────┘
```

③ 中間搾取を目的

に施工能力のない商業ブローカー的不良建設業者の輩出を招く

（3）施工において「実質的な関与」とは

① 元請人が自ら総合的に企画、調整及び指導（施工計画の総合的な企画、工事全体の的確な施工を確保するための工程管理及び安全管理、工事目的物、工事仮設物、工事使用材料等の品質管理、下請負人間の施工の調整、下請負人に対する技術指導、監督等）の全ての面において主体的な役割を果たしていることをいう。

② 下請負人が再下請負する場合についても、下請負人自ら再下請負した専門工種部分に関し、総合的に企画、調整、指導を行うことをいう。

（4）下請工事への実質的な関与が認められるために自社の技術者が下請工事の

① 施工計画の作成

② 工程管理

③ 出来形・品質管理

④ 完成検査

⑤ 安全管理

⑥ 下請業者への指導監督等

について主体的な役割を現場で果たしていることが必要。

（5）下請工事への実質的な関与が認められるために発注者から工事を直接請け負った者については、

　　加えて

① 発注者との協議

② 住民への説明

③ 官公庁等への届出等

④ 近隣工事との調整

等について、主体的な役割を果たすことが必要。

（6）下請負人が再下請負する場合

　　下請負人自ら再下請負した専門工種部分に関し、総合的に企画、調整、指導を行う。

　　自社の技術者が下請工事の

① 施工計画の作成

② 工程管理

③ 出来形・品質管理

④ 完成検査

⑤ 安全管理

⑥ 下請業者への指導監督等

について主体的な役割を現場で果たしていることが必要。

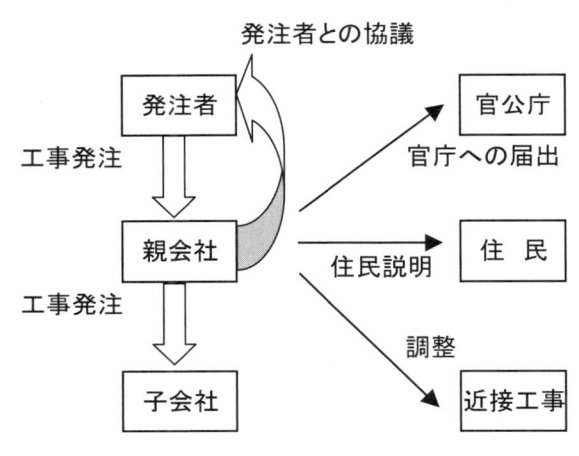

（7）「親会社と子会社間」の下請関係

親会社から子会社への下請工事であっても、別会社である以上、実質的関与がないと判断されると一括下請負に該当する。
（8）一括下請負は公共工事はいかなる場合も禁止であるが、民間工事の場合は施主の書面による承諾を取れば良いことになっている（改正建設業法により、共同住宅等を新築する場合は禁止）。

 （詳細は 127 ページ）

　1 次下請の（主任技術）者が毎日現場に顔を出し、元請と打ち合わせをし、その結果を下請に伝えているが問題はないか

（関東整備局　問 8-19 類題）

　その程度では、一括下請負に該当する可能性が高い

 （詳細は 156 ページ）

○　建設業法が求める「実質的な関与」が、労働者派遣法が禁止する下請に対し「指揮命令」に至ると、労働者派遣法違反となるか

○　建設業が求める「下請負人に対する技術指導、監督等」のうち、監督等が「指揮命令」とされると労働者派遣法違反ではないか

　「実質的な関与」や「監督等」が必ずしも指揮命令ではないが、指揮命令だとしても責任者になされ直接下請労働者になされない限り労働者派遣法違反にはならない

2 工事現場等に配置する法定の技術者等

建設業法においては、建設工事の適正な施工を行うため、施工技術上の管理・監督を行う主任技術者・監理技術者を工事現場に配置することを規定している。

○ 主任技術者・監理技術者は、一定の資格・経験が必要である。

○ 現場代理人は、建設業法では配置義務ではないが、配置した場合は現場常駐義務が発生する。

○ その他、建設業法では、「現場代理人」及び「営業所専任技術者」の配置について規定している。

（1）主任技術者 （法26条1項）

① 建設業の許可を受けた者が建設工事を施工する場合には、元請・下請、請負金額の大小にかかわらず工事現場における施工の技術上の管理をつかさどる者として、「主任技術者」を配置しなければならない。

② 資格：1級、2級国家資格者、実務経験者

（2）監理技術者 （法26条2項）

① 発注者から直接請け負った建設工事を施工するために締結した下請契約の請負代金の額が4,000万円（建築一式工事にあっては6,000万円）以上となる場合には、特定建設業の許可が必要になるとともに、主任技術者に代えて「監理技術者」を配置しなければならない。

監理技術者は、主任技術者の職務以外に下請負人を適切に指導監督し、工事の施工に関する総合的な企画及び

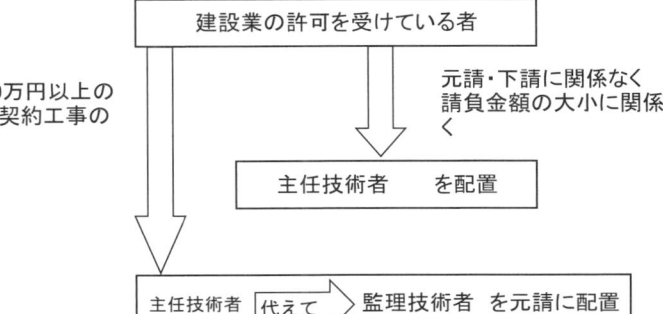

指導を行うものである。
　② 資格：１級国家資格者等
（３）雇用関係について
　　主任技術者・監理技術者は、工事を請け負った建設業者と直接的かつ恒常的な雇用関係が必要とされる。したがって、次の就業形態の場合はその技術者の配置は認められない。
　① 直接的な雇用関係を有していない場合（在籍出向者や派遣労働者等）
　② 恒常的な雇用関係を有していない場合（一つの工事の期間のみの短期雇用）
　　入札の申し込み日以前等で３カ月以上の雇用関係が必要である。
　　移籍出向は認められるが、一つの工事のみの短期間の移籍出向の場合は、建設業法でも労働者派遣法でも認められない（移籍出向53ページ参照）。
（４）主任技術者・監理技術者の専任について
　イ 「公共性のある工作物に関する重要な工事」で、「政令で定めるもの」については工事現場ごとに「専任」の技術者を置かなければならない。
　ロ なお、主任技術者の配置は下請工事でも必要である。
　ハ 専任の場合、「現場常駐」が必要であり、他の工事の主任技術者・監理技術者との兼任はできない。
　ニ 「専任」とは、他の工事現場等の主任技術者・監理技術者・「営業所の専任技術者」との兼任を認めないことを意味し、常時継続的に当該現場に置かれることをいう。
　ホ 「常駐」とは、常時継続的に現場に滞在していること。
　　　常駐の目的は、発注者または監督員との連絡に支障が生じないためとされるが、常駐義務は、昭和25年の公共工事標準請負契約約款で規定したもの

> **公共性のある工作物に関する重要工事**
>
> 　工事一件の請負金額が3,500万円（建築一式工事は7,000万円）未満の個人住宅を除くほとんど全ての工事が該当し、民間マンション工事も含まれる

（建設業法上の用語）

で、携帯電話や車両の普及した現在は要検討。常駐といっても常に現場に滞在する必要がなく、連絡がとれる範囲で現場付近におればよいとする考えもある。

しかし、発注者によっては厳格に適用しているので、現場を離れる事由が発生した場合は、発注者に確認しておく必要がある。

主任技術者・監理技術者

3 現場代理人及び監督員について
（1）発注者（最初の注文者）と元請との関係の場合
  イ　現場代理人（建設業法19条の2）

国・地方自治体・公社公団等が発注する建設事業では、発注者と受注する建設会社の間で工事請負契約を締結する場合、受注者側の契約者は、通常代表取締役である者（社長）である。

現場代理人とは、当該工事現場における契約の履行に際して、発注者に対して、受注者側契約者つまり社長の代理人として、一切の権限と責任（注文者に通知した授権の範囲に限る）を有するものである。

（イ）請負人の代理人として、工事請負契約上の権利義務の履行に関する一切の権限（注文者に通知した授権の範囲に限る）を有する者である。

（ロ）工事現場に現場代理人を置く場合には、常駐しなければならないとされている。

置くか置かないかは、注文者の意向によるが、ほとんどの公共工事においては置くこと及び常駐を契約上義務付けている。

建設業法上は現場代理人の常駐義務規定はない。したがって、債務不履行の問題は発生するが罰則規定はない。

常駐義務違反に対し発注者（公共工事）は、通常一定の行政処分をする。

(ハ) 現場代理人と主任技術者・監理技術者の兼務は禁止されていない。

現場代理人は、技術者でなく事務方でもよく、現場を統括管理する者（統括安全衛生責任者または準ずる者）でなくてもよい。

(ニ) 派遣労働者や在籍出向者を現場代理人に任命することについても、建設業法上禁止規定はない。現場代理人が統括安全衛生責任者・準ずる者でなければ、労働安全衛生法上は問題でない（160ページ参照）。

(ホ) 現場代理人が主任技術者・監理技術者を兼務している場合は、派遣労働者や在籍出向者は現場代理人にはなれない。

(ヘ) ただし、現場代理人について、技術者との兼務を認めないもの、あるいは好ましくないとするもの、雇用関係の書類の提出を求めるもの等の発注者もある。

> 請負者の社員が現場代理人になることが合理的であると考え、直接的かつ恒常的な雇用関係を確認する書類を工事着手届に添付するよう工事仕様書で求めています。（島根県）

ロ　監督員

建設業法19条の2第2項に規定されている監督員とは、注文者の代理人として設計図書に従って工事が施工されているか否かを監督する者で、現場代理人に相対する者である。

建設業法では、両者を同時に配置することまで規定していない。

監督員は、現場代理人と異なり、現場に常駐することまで求められていない。

(2) 元請と再下請負との関係の場合

イ　契約において現場代理人及び監督員を置く場合は、発注者と元請間に限らず、元請と1次下請間、1次下請と2次下請間等においても置かれる。

施工体制台帳及び再下請負通知書にこの記載箇所があるが、元請と1次下請間、1次下請と2次下請間等では、契約等で現場代理人及び監督員を置い

ていないのが実態であるのに、単に責任者として記載しているのが多い。
  ロ　現場代理人と監督員の身分
　（イ）発注者と元請との関係では、発注者と元請の労働者
　（ロ）元請と1次下請との関係では、元請と1次下請の労働者
　（ハ）1次下請と2次下請等との関係は、1次下請と2次下請等の労働者
　　　次図に示すように、それぞれの所属労働者である（派遣労働者・出向者は建設業法上禁止規定がないが契約による）。
（3）現場代理人の常駐化について
　　　前記の2（4）「主任技術者・監理技術者の専任について」のホを参照のこと。

4　施工体制台帳と建設業法・建設雇用改善法に基づく届出書（資料）
　　現場パトロール実施の際は、施工体制台帳と施工体系図を確認のこと。
　　施工体制台帳に、「監督員名」と「現場代理人名」の記載欄があるが、契約で配置が必要なら記載するものであり、配置が契約にない場合は不要である。
　　監督員は、発注者だけでなく、また現場代理人も元請だけに配置されるものではなく、図のように下請関係においても、相対する関係で配置される。契約で配置されるものであるが、発注者対元請以外に配置される例は少ない。

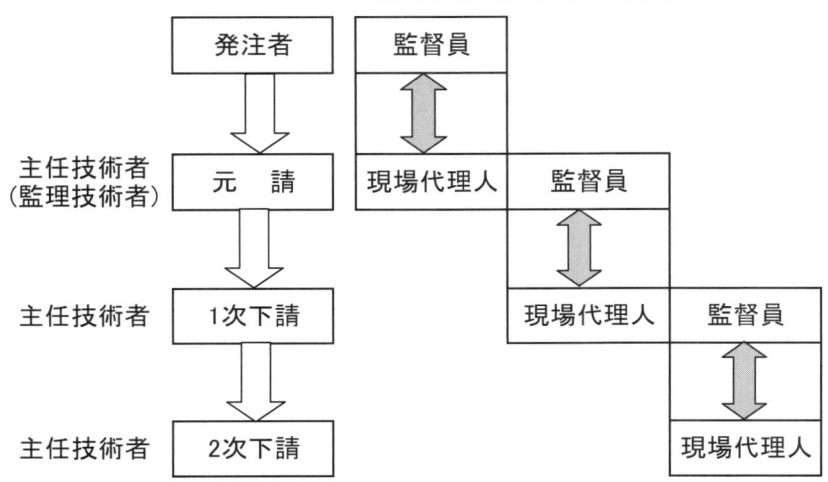

建設業法上の配置責任者
（監督員と現場代理人は契約上）

発注者から直接受注した工事について、
[特定建設業] …… 総額 4,500 万円以上（建築一式工事：7,000 万円以上）
[一般建設業] …… 総額 4,500 万円未満（建築一式工事：7,000 万円未満）

建設業法上の用語

[大臣許可] ……… 2以上の都道府県に営業所を設置して建設業を営む者
[知事許可] ……… 1の都道府県のみに営業所を設置して建設業を営む者

建設業法上の用語

「軽微な建設工事」のみを請け負って営業している場合を除き、建設業許可が必要
[軽微な建設工事] とは
　　○　建築一式工事の場合 ………… 工事一件の請負代金の額が 1,500 万円に満たない工事、または延べ面積が 150 ㎡に満たない木造住宅工事
　　○　その他の建設工事の場合 …… 工事一件の請負代金の額が 500 万円に満たない工事

建設業法上の用語

第1章 建設業法の基礎知識

5 建設業法の処分等

（1）工事の一括丸投げ（一括下請負）

公共工事については全面禁止である。民間工事は発注者の書面による承諾を要する。

ただし、共同住宅を新築する建設工事について、発注者の事前承諾があっても一括下請負は禁止される。

① 許可行政庁　　　　　　15日以上の営業停止処分
② 公共工事発注者　　　　2～5カ月の指名停止措置

（2）建設業者が労働者派遣法違反、職業安定法違反で罰金刑を受けると

・・・処分を受けて5年経過しないと建設業許可しない。

改正建設業法

（一括下請負の禁止）

第22条　建設業者は、その請け負った建設工事を、いかなる方法をもってするかを問わず、一括して他人に請け負わせてはならない。

2　建設業を営む者は、建設業者から当該建設業者の請け負った建設工事を一括して請け負ってはならない。

3　前2項の建設工事が多数の者が利用する施設又は工作物に関する重要な建設工事で政令で定めるもの以外の建設工事である場合において、当該建設工事の元請負人があらかじめ発注者の書面による承諾を得たときは、これらの規定は、適用しない。

6 国土交通省の動向

国土交通省は、大手建設業から順次立ち入り検査と通信調査（下請代金支払状況実態調査）を実施し、指導を徹底している。建設会社によっては指導書や勧告書を交付されている。内容は建設業法一般であるが、特に183ページに掲載した「建設業法令遵守ガイドライン」に沿っている。

「建設業法令遵守ガイドライン」による建設業法違反の参考事例（概要）

国○整建　産第　号
平成　年　月　日

（代表取締役あて）　　殿

国土交通省○○地方整備局長

勧　告　書

　平成　年　月　日に貴社に対し建設業法（昭和24年法律第100号）第31条第1項の規定に基づき、建設業法における下請取引に係る立ち入り調査を行った結果、下請負人との取引内容について、別紙のとおり改善を要する事項が認められた。このことは建設業者として、誠に遺憾である。

　今後、貴社においては、関係法令等を遵守し、下請取引の適正化を図るとともに、建設工事の適正な施工を確保するため、速やかに指導事項を改善するよう、建設業法第41条第1項の規定に基づき勧告する。

　なお、改善事項について講じた措置を速やかに文書をもって報告すること。

別紙

改善事項（筆者注…概要）

1　建設工事の見積期間に関して（建設業法第20条第3項及び同法施行令第6条）
　　政令で定める、予定価格の額に応じた一定の見積期間を設けていない。

2　契約の締結に関して（建設業法第19条第1項）
　　契約関係書類の記載内容が不十分であるもの、建設工事開始後に書面の交付がある等、契約書交付時期が不適切である。

3　代金支払等の適正化に関して（建設業法第24条の3）
　　下請代金支払いにおける支払期間が1カ月を超えており長期間しているものが見受けられる。

4　代金支払等の適正化に関して（建設業法第24条の5第1項及び第4項）
　　代金支払期間が、引き渡しの申し出のあった期間から51日以上となっているものがあり、代金支払期間が長期化しているものが見受けられる。

5　施工体制台帳の作成に関して（建設業法第24条の7第1項）
　　施工体制台帳の整備が不十分及び記載事項に不備がみられる。

6　やり直し工事に関して（建設業法第18条、19条2項、19条の3）
　　費用負担を明確にしないまま、やり直し工事を下請に行わせ、その費用を一方的に下請に負担させている。

第2章

労働者派遣事業と請負の区別

1 はじめに

1　労働者派遣事業の適正な運営の確保及び派遣労働者の就業条件の整備等に関する法律（以下労働者派遣法という）が改正され、平成16年3月1日から製造業業務への労働者派遣が可能となった。

　しかし、現在解禁されていない業務として、

① 　港湾運送業務

② 　建設業務（単に肉体労働）

③ 　警備業第2条1項各号に定める業務

④ 　その他、政令で定める業務等（病院等における医療関係の業務、弁護士等）

　がある。

2　建設業務（肉体労働）への労働者派遣はまだ解禁されていないが、建設業においては、古くから工事の全部または一部を請負人に請け負わせており、1次下請、2次下請、3次下請と重層化が進むにつれて、単に労働者のみ現場に入れ責任者が不在の状態となり、請負か労働者派遣か区別がつかなくなっているのが実態である。

3　2次、3次以下となると企業規模も小さく、零細企業も多いことから、その所

属労働者に対する安全衛生管理も期待できず、下請労働者の保護を考えると、元請の安全衛生管理責任の強化に進まざるを得ないといえる。

そのため、下請労働者が被災した災害の場合、監督署（労働安全衛生法）及び民事裁判では従来から労働者保護の見地から元請責任を認定する場合が多かった。

4　元請が下請労働者を直接指揮命令すると、そこに元請との使用従属関係が発生し、黙示の労働契約が成立する。これにより安全配慮義務が元請に発生する、という民事の裁判例も多い。

労働安全衛生法違反に関する刑事事件の場合でも、厳格であるが同様の理論構成をとっていた。

しかし、労働者派遣法施行以来、労働者派遣法を適用して、元請の下請労働者に対する事業者責任を追及される事案が多くなってきた。

5　行政は、物の製造業務への労働者派遣業務の拡大にあたって、下請労働者の保護のため、労働者派遣と請負との区分に関する基準等を徹底し、厳正な指導監督等を行うことによる労働諸法令を遵守させるための取組みを強力に推進している。

6　厚生労働省職業安定局発表によると、平成17年に実施した発注者への指導監督660件のうち違反があったとして文書指導（是正指導）したものが358件（54.2％）、請負事業者への指導監督では、879件のうち文書指導（是正指導）したものが616件（70.0％）にのぼり、違反件数が年々増加していることが明らかになった。

労働局から調査が入り、偽装請負と認定され指導を受けた日本を代表する大手電機メーカーや自動車メーカーの系列会社が新聞・テレビ等マスコミでも報道され、国会でも取り上げられるようになった。

経営者団体である「日経連」、労働団体である「連合」の各代表も是正の方向を示した。

7　平成18年9月4日付けで、行政通達が発出され、今後各企業に対する監督指

第2章
労働者派遣事業と請負の区別

導も一層強化される可能性がある。
8　偽装請負を行っている企業に対して改善指導する部署は、労働基準監督署ではなく、職業安定所及び労働局の需給調整部署である。

　しかし、前記通達により、労働基準監督署と職業安定所・労働局需給調整部署との相互通報制度・共同監督指導等連携がより強固となった。
9　災害が発生すると、安全措置義務違反（労働安全衛生法等）と安全配慮義務違反（民法の債務不履行）に関して、重層請負における元請の責任が厳しく追及される事案が多くなっている。

　特に労働安全衛生法や労働基準法を所管とする監督署は、表面上は請負契約であっても作業形態等から労働者派遣であると認めた場合は、所管事項に関して請負関係を否定し、労働者派遣法を適用して所要の責任（66ページ参照）を追及する例が多くなっている。

　今、監督署においても偽装請負は、重要な問題として取り上げている。

2　偽装請負に対する関係法令の対応

1　製造業の構内や建設現場において行われている請負について、労働者派遣法が施行されて以降大きく見直しを迫られている。

　労働安全衛生法や職業安定法では、従来から実態に即して請負についてそれぞれ対応してきた。

　請負の形態であるが、実態は労働者派遣を偽装している「偽装請負」に対する各法の基本的な考え方は、

（1）労働者派遣法

　　労働者派遣制度は、常用雇用の代替として利用されないよう、あくまで「臨時的・一時的な労働力の需給調整に関する対策」であり、派遣期間の設定等により、正規社員の雇用拡大を図っている。

他方、広く雇用形態の民主化を図るものである。

したがって、偽装請負に対しては、派遣事業に移行するか、適正な請負形態に移行するかを求められることになる。

（偽装請負は、労働者供給事業となる考えもあるが、行政は労働者派遣として扱っている。本書でも派遣としている）

（2）労働安全衛生法・民法

下請企業の災害発生率は、元請・親企業に比べてかなり高いという実態から、技術力・財力・権限と責任を有している元方事業者に、関係請負人とその労働者に対する労働災害防止に関する義務を負わせている。

労働災害の防止（労働安全衛生法等）と被災者の救済（民法による損害賠償、労災保険法による労災適用）の見地から、元請が下請労働者を直接指揮監督した場合、元請と当該下請労働者間に使用従属関係が発生し、安全措置義務（労働安全衛生法）と安全配慮義務（民法）が元請に発生するという考えは、実務的には労働者派遣法施行前から定着していた。

2　元方事業者（建設業の元請、製造業の親会社等）が下請労働者や派遣労働者を使用した場合の事業者責任の所在について図で示す。

事業者責任は、労働者と雇用関係のある雇用事業主の本来の責任であり、元請は、下請労働者と直接雇用関係がないのであるから、建設業・造船業の元請に関する労働安全衛生法31条の「特定元方事業者等に関する特別規制」以外責任はないはずである。

しかし、行政や裁判所は、元請が下請労働者を直接指揮命令している場合、就労実態等から判断して請負を否定したうえ、派遣労働者と認定して派遣先としての事業者責任を元請等に負わせている。

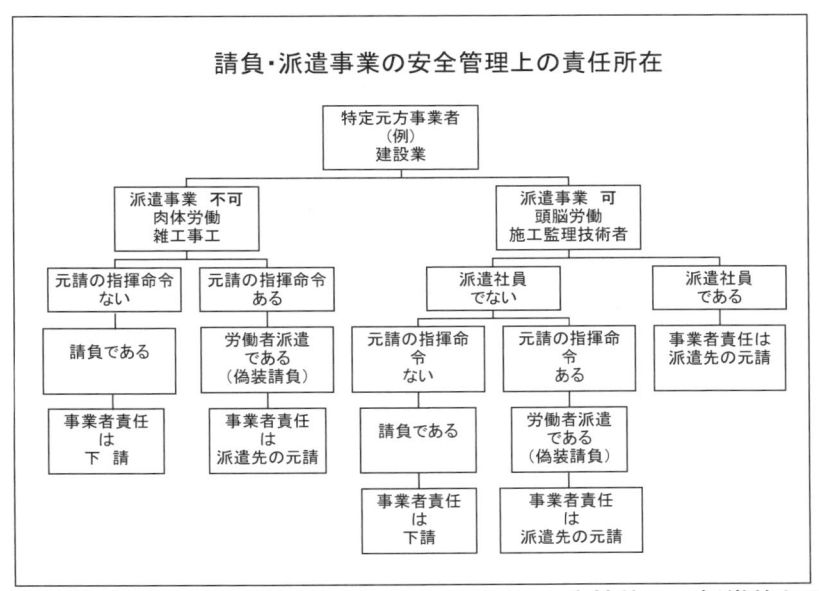

第2章
労働者派遣事業と請負の区別

```
請負・派遣事業の安全管理上の責任所在

                    特定元方事業者
                       （例）
                       建設業
         ┌─────────────────┴─────────────────┐
   派遣事業 不可                          派遣事業 可
   肉体労働                               頭脳労働
   雑工事工                               施工監理技術者
   ┌────┴────┐                    ┌────┴────┐
元請の指揮命令  元請の指揮命令      派遣社員         派遣社員
ない          ある                でない           である
  │            │              ┌───┴───┐            │
請負である    労働者派遣      元請の指揮命  元請の指揮命  事業者責任は
             である          令            令            派遣先の元請
             （偽装請負）     ない          ある
  │            │              │            │
事業者責任    事業者責任      請負である    労働者派遣
は           は                            である
下 請        派遣先の元請                   （偽装請負）
                                │            │
                              事業者責任    事業者責任
                              は           は
                              下請         派遣先の元請
```

（注）建設業法では、主任技術者・監理技術者は、直接的かつ恒常的な雇用関係（入札申込み時点で3カ月以上の雇用）が必要である。

（注）総括安全衛生管理者、統括安全衛生責任者を自社社員以外（派遣社員）でも選任できるか、についてはQ3（160ページ）参照。

3 偽装請負に対する行政の対応について

1　労働基準監督署と職業安定所は同じ労働行政であり、偽装請負に関しては、その情報を相互通報する制度が確立している。

2　労働局基準系職員及び監督署職員が、重層請負関係をもつ事業場に対して、監督指導や災害調査、労災保険実地調査等を行った際に、契約上は請負であるが労働者の就労実態からみると労働者派遣事業と認められる場合（あるいは疑義がある場合）は、

（1）労基法や労働安全衛生法等で監督署が事業者責任を追及する場合、派遣の事実を確認すると職権で請負関係を否定して労働者派遣事業と認定し、派遣元及び派遣先使用者の責任区分（217ページ参照）により、所要の措置をとる。
　　　元請や上位の請負人が派遣先と認定されると、派遣先のみが派遣労働者に対

39

する事業者責任を問われることになる（労働者派遣法45条3項（69ページ参照））。

（2）このことは、結果的には刑事事件としては、下請労働者の所属する事業者の事業者責任は不問にされる（民事事件では責任が追及される可能性がある）。

しかし、下請事業者が事業者としての措置義務と責任の意識を失い、または回避するという結果になり（労務）安全衛生管理上疑問が残る。

この点については（検討課題89ページ）で触れる。

（3）基準系職員の把握したこの情報は、定期的に安定系部署に報告される。

3　労働局安定系職員及び安定所職員が、ある企業に対するその業務の遂行上で偽装請負の事実を知った場合は、定期的に基準系部署に報告される。

同様に、安定系部署が把握した場合も、この反対の流れで監督署に報告される。

これを図で示すと次のとおりとなる。

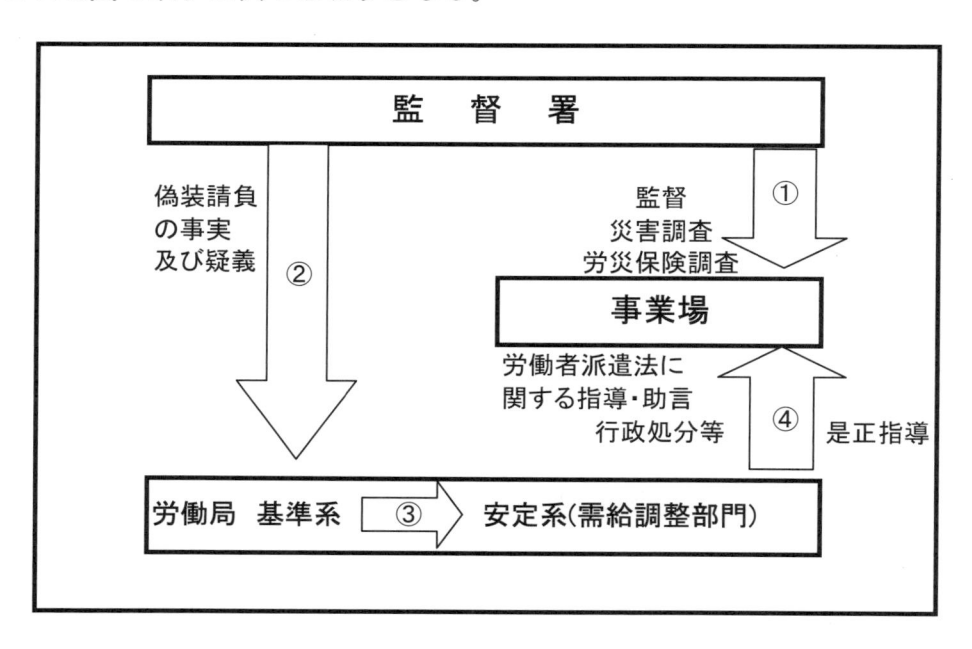

```
┌─────────────────────────────────────────────┐
│              監　督　署                       │
│                                              │
│  偽装請負              監督           ①      │
│  の事実              災害調査                 │
│  及び疑義  ②        労災保険調査             │
│                        事業場                 │
│                                              │
│                    労働者派遣法に             │
│                    関する指導・助言  ④      │
│                    行政処分等    是正指導    │
│                                              │
│   労働局　基準系  ③→ 安定系(需給調整部門)  │
└─────────────────────────────────────────────┘
```

4 請負や出向なのに、なぜ派遣か

1 労働者派遣法が昭和61年に施行されて20年以上経過し、平成16年3月から製造業務への労働者派遣が解禁されるに至り、いまや労働者派遣事業も派遣労働者も、完全に社会から認知されている。派遣労働者数は、平成15年度には236万人であったが、平成17年度には255万人となっており、今後も年々増加するものとみられている。

産業界は派遣労働者なくして生産計画が成り立たないといっても過言ではない状況にある。

正規社員の採用を意図している労働者派遣法であるが、一方で、正規社員の採用よりも経費が安く、需給調整的機能もあることから、景気動向による雇用の調整弁としての色彩も濃くなっている。

2 建設業を中心に古くから定着してきた元請・下請関係である請負契約は、近年の産業構造の変化から大手製造業でも構内下請という形で普及し、今やあらゆる業種で行われるようになってきた。

3 請負形態が普及するにつれて、なかには請負契約の形式をとっているが、その就労実態から労働者派遣（偽装請負）であるものも多く、このような就労場所では労働者の就業条件や事業主の労働者に対する安全衛生面の配慮や責任が、十分果たされていないことが懸念されている。

4 しかし、事業主の中には、請負と労働者派遣の違いを十分認識していない者が多いことも実態であろう。

元請も親会社も下請労働者の重大な労働災害をきっかけに、行政から請負契約を否定され、労働者派遣法を適用されて下請労働者に対する事業者責任を追及されて、初めてその事の重大さを知ることになる。

ここでいう事業者責任とは、労働安全衛生法等に対するもので刑事責任であるが、安全配慮義務違反としての民事責任も発生する可能性がある。

5　請負と労働者派遣とでは、労働者の安全衛生の確保（安全に関する責任所在等）や労務管理等に関しては、雇用主（派遣元事業主、請負業者）、派遣先及び注文主が負うべき責任が異なっている（217ページ参照）。

5　請負と労働者派遣との違い（1）　労働者派遣事業とは

　労働者派遣事業とは、派遣元事業主が自己の雇用する労働者を、派遣先の指揮命令を受けて、この派遣先のために労働に従事させることを業として行うことをいう。
　この定義に当てはまるものは、その事業として行っている業務が適用除外業務に該当するか否かにかかわらず、労働者派遣事業に該当し、労働者派遣法の適用を受ける。

1　請負と労働者派遣との違いは、一言でいえば請負事業では注文主と下請労働者との間に指揮命令関係を生じないということにある。
　　逆に、注文主と「下請労働者」との間に指揮命令関係があれば、その労働者は派遣労働者性が強い、ということである。
2　労働者派遣として、次の3つの要件がある（**次図**参照）。
　①　派遣元事業場と派遣労働者との間に雇用関係（労働契約関係）がある。
　②　派遣元事業場と派遣先事業場との間で締結された労働者派遣契約に基づき派遣元が派遣先に労働者を派遣する。
　③　派遣先は派遣労働者を指揮命令する。

第2章
労働者派遣事業と請負の区別

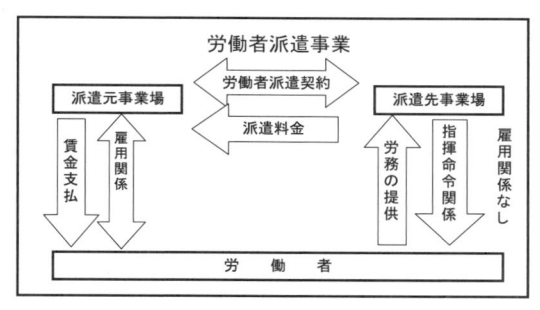

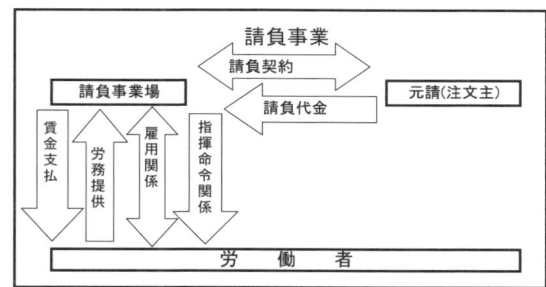

用語の整理

労働安全衛生法は、下請業者が再下請業者を使用しても、元請とは呼ばないが、建設業法では、**下図**のように重層的に下請に対してはすべて元請である。

	施主	建設業・製造業等 元請 A	1次下請 B	2次下請 C	3次下請 D
民法716条 注文者の責任	注文者	請負人	請負人	請負人	請負人
建設業法	発注者（最初の注文者）	元請業者 注文者	下請業者（Aに対し） Cに対し元請業者（注文者）	下請業者（Bに対し） Dに対し元請業者（注文者）	下請業者（Cに対し）
労働安全衛生法	発注者（最初の注文者）	（特定）元方事業者 注文者	関係請負人 注文者	関係請負人 注文者	関係請負人 事業者（労働者を直接使用するもの）

① 労働安全衛生法では、下請が再下請業者を使用しても元請とは呼ばない
② 民716条の注文者は、注文または指図に過失がなければ、第三者（下請労働者）に対して責任はない

建設業法第2条では、「下請契約」、「元請負人」、「下請負人」について、次のように定義している。
① 「下請契約」とは、建設工事を他の者から請け負った建設業を営む者と他の建設業を営む者との間で当該建設工事の全部または一部について締結される請負契約をいう。
　したがって、孫請以下の関係における請負契約も下請契約である。
② 「元請負人」とは、下請契約における注文者で建設業者（建設業許可）であるもの
③ 下請負人とは下請契約における請負人をいう。
　建設業を営む者であるが、建設業の許可の有無は問わない。

　「建設業を営む者」とは、「建設業者(建設業許可)」＋「許可を受けないで建設業を営むことができる者」＋「無許可業者」

6 請負と労働者派遣との違い （2）請負とは

　請負と労働者派遣は、極めて似た制度であり、ここで明確にしておく。

1　「請負は当事者の一方が或る仕事を完成することを約し相手方が其の仕事の結果に対して之に報酬を与ふることを約するに因りて其の効力を生ず」（民法632条）と規定されているように、労働の結果としての仕事の完成を目的とするものである。

2　請負に関する事項は、職業安定法施行規則第4条に規定されており、その具体的な判断基準としては、

「労働者派遣事業と請負により行われる事業との区分に関する基準」

　　　　　　　　　　　　　　　　　（昭和61年4月17日　労働省告示第37号）

が示されている（49ページ参照）。

　基本的には次の2つの要件が必要である（下図参照）。

① 当該労働者の作業の遂行について、請負人が直接指揮監督を行うこと。

② 当該業務が請負人の業務として、注文主から独立して処理すること。

　前述したように、請負事業では注文主と下請労働者との間に指揮命令関係を生じないのであるが、注文主が下請労働者を指揮命令すると労働者派遣に該当するおそれがある。

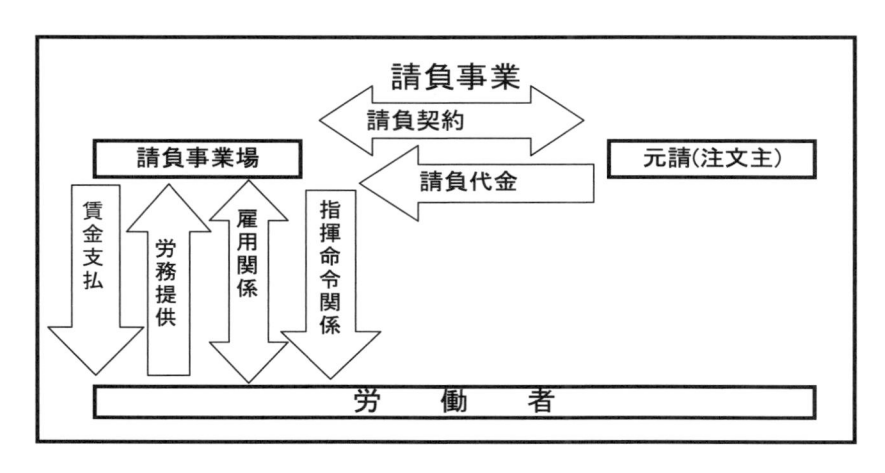

図は、偽装請負の疑いが強い形態である。

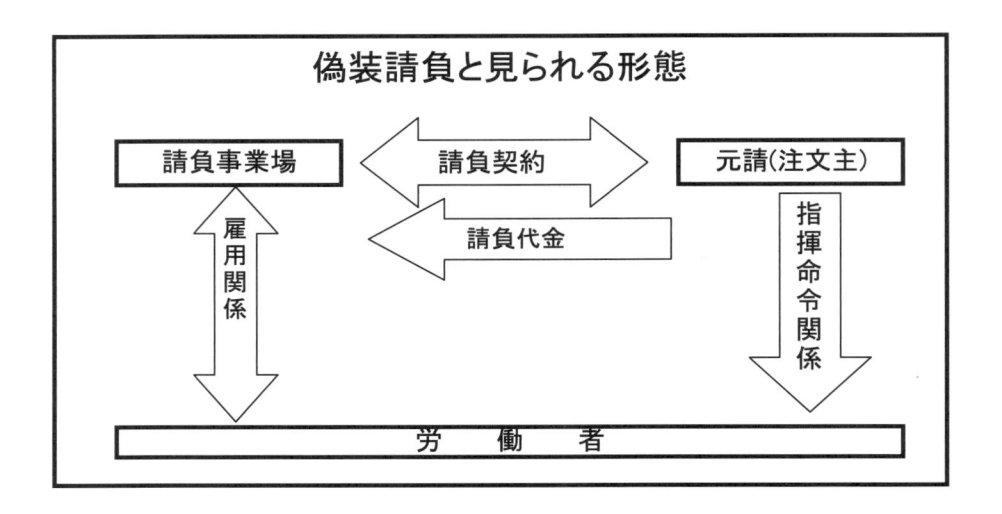

偽装請負と見られる形態

請負事業場 ⇔ 請負契約 ⇔ 元請(注文主)
　　　　　　　← 請負代金
雇用関係 ↕　　　　　　　　　↓ 指揮命令関係
　　　　　　労　働　者

3　建設業法24条においても、「請負契約とみなす場合」として、「委託その他何らの名義をもってするを問わず、報酬を得て建設工事の完成を目的として締結する契約は、建設工事の請負契約とみなして、この法律の規定を適用する。」と規定している。

「建設業法の逐条解説」（大成出版）によると、「建設工事の完成を目的としているものであっても、必ずしも請負という名義を用いていない場合がある。それは、一つには民法の請負そのものが、他の典型契約である雇傭や委任と明確に区別し難いばかりでなく、種々の特約が可能であり、さらに、民法の典型契約以外の無名契約も認められていることにより、現実の建設工事が民法の原則を修正した形で行われていることが多いことによるものである。また、第二に、本法の適用を免れるために、雇傭契約とか委任契約とかの名称を使用することも多いためと考えられる。」とあり、契約の実態に即して判断する必要がある。

7　業務委託・委任（準委任）について

1　請負に似た形態で、業務委託・委任（準委任）がある。
　請負は、ある仕事を完成することを約束し、その仕事の結果に対して報酬が支払われることにあるが、法律行為を委託（委任：民法第643条）し、法律行為以外の事務を委託（準委任：民法第656条）する委任の場合は、必ずしも業務の完成責任を負わない。

委任：民法第643条
　「委任は当事者の一方が法律行為を為すことを相手方に委託し相手方が之を承諾するに因りて其の効力を生ず。」

準委任：民法第656条
　「本節の規定は法律行為に非ざる事務の委託に之を準用する。」

2　生命保険会社の外務員、警備業務やごみ焼却工場の運転委託業務が考えられる。
　しかしながら、委任と称していても委任者と受任者の関係が使用従属関係であれば、労働関係と認められる場合もある。業務委託は、委任（準委任）と考えられるが、労働者派遣事業と請負の区別においては、行政の立場は請負（準委任を含む）と考えており、契約先から直接受任者の労働者に指揮命令があれば、「派遣」とみなされ偽装請負の問題が生ずる。
　いずれにしても、自社と雇用関係のない労働者に対して指揮命令が出来るのは、現行法においては、労働者派遣だけである。
　契約においては、請負契約と委任契約は異なり、それぞれ特徴があるがここでは触れない。
　行政が請負と業務委託及び準委任を特に区別していないことから、本書においても区別せず、請負に含ませている。

8 注文主が発注した作業に介入する範囲

　注文主が発注した作業に介入する範囲として、職業安定法施行規則第4条に定められており、それを超えると発注者が下請労働者に対して指揮監督者で、事業者になる可能性が高い。

　範囲として

① 請負者またはその代理者に対する注文上の限られた要求または指示の程度を超えるものでないこと。

② 請負者側の監督者が有する労働者に対する指揮監督権に実質上の制限を加えるものでないこと。

③ 作業に従事する労働者に対して直接指揮監督を加えるものではないこと。

（職業安定法施行規則第4条）

　労働者を提供しこれを他人の指揮命令を受けて労働に従事させる者（・・・労働者派遣事業を行う者を除く。）は、たとえその契約の形式が請負契約であっても、次の各号のすべてに該当する場合を除き、法第4条の規定による労働者供給の事業を行う者とする。

一　作業の完成について事業主としての財政上及び法律上のすべての責任を負うものであること。

二　作業に従事する労働者を、指揮監督するものであること。

三　作業に従事する労働者に対し、使用者として法律に規定されたすべての義務を負うものであること。

四　自ら提供する機械、設備、器材（業務上必要な簡易な工具を除く。）若しくはその作業に必要な材料、資材を使用しまたは企画若しくは専門的な技術若しくは専門的な経験を必要とする作業を行うものであって、単に肉体的な労働力を提供するものでないこと。

2　前項の各号のすべてに該当する場合（・・・労働者派遣事業を行う者を除く。）であっても、それが法第44条の規定に違反することを免れるために故意に偽装されたもの

であって、その事業の真の目的が労働力の供給であるときは、法4条第6項の規定による労働者供給の事業を行う者であることを免れることはできない。

（行政解釈）

「労働者を指揮監督する」とは、自己の責任において労働者を作業上及び身分上直接指揮監督することをいう。

「指揮監督」とは、作業に従事する労働者について身分上及び作業上指揮監督することをいうのであるが、殊に作業上の監督は仕事の割付け、順序、緩急の調整、技術指導等を内容とし、作業の成否に重大な影響をもたらすものであるから、請負者に対する信用が充分でない場合は、往々にして注文主が自らその指揮監督面に介入してくる例が少なくない。注文主がその発注した作業に介入する範囲にはおのずから一定の限度があるべきで

イ　請負者またはその代理人に対する注文上の限られた要求または指示の程度を超えるものでないこと。

ロ　請負者側の監督者が有する労働者に対する指揮監督権に実質上の制限を加えるものでないこと。

ハ　作業に従事する労働者に対して直接指揮監督を加えるものではないこと。その限度を超えて干渉を行う場合には請負者が「自ら指揮監督するもの」とは解し難く、かつ、第一号の請負事業者としての責任能力にも欠けるところがあり、また第四号の企画、技術、経験等を必要とする作業を行うものでないと認められる場合も多い（27・7・23職発502の2）。

労働者派遣事業と請負により行われる事業との区分に関する基準（抄）

（昭和61年4月17日労働省（当時）告示第37号）

Ⅰ　この基準は、法の適正な運用を確保するためには労働者派遣事業に該当するか否かの判断を的確に行う必要があることにかんがみ、労働者派遣事業と請負により行われる事業との区分を明らかにすることを目的とする。

Ⅱ　請負の形式による契約により行う業務に自己の雇用する労働者を従事させることを業として行う事業主であっても、当該事業主が当該業務の処理に関し次の1及び2のいずれにも該当する場合を除き、労働者派遣事業を行う事業主とする。

1　次の（1）から（3）までのいずれにも該当することにより自己の雇用する労働者の労働力を自ら直接利用するものであること。

（1）次の①及び②のいずれにも該当することにより業務の遂行に関する指示その他の管理を自ら行うものであること。
　①　労働者に対する業務の遂行方法に関する指示その他の管理を自ら行うこと。
　②　労働者の業務の遂行に関する評価等に係る指示その他の管理を自ら行うこと。
（2）次の①及び②のいずれにも該当することにより労働時間等に関する指示その他の管理を自ら行うものであること。
　①　労働者の始業及び終業の時刻、休憩時間、休日、休暇等に関する指示その他の管理（これらの単なる把握を除く。）を自ら行うこと。
　②　労働者の労働時間を延長する場合または労働者を休日に労働させる場合における指示その他の管理（これらの場合における労働時間等の単なる把握を除く。）を自ら行うこと。
（3）次の①及び②のいずれにも該当することにより企業における秩序の維持、確保等のための指示その他の管理を自ら行うものであること。
　①　労働者の服務上の規律に関する事項についての指示その他の管理を自ら行うこと。
　②　労働者の配置等の決定及び変更を自ら行うこと。

2　次の（1）から（3）までのいずれにも該当することにより請負契約により請け負った業務を自己の業務としてその契約の相手方から独立して処理するものであること。
（1）業務の処理に要する資金につき、すべて自らの責任の下に調達し、かつ、支弁すること。
（2）業務の処理について、民法、商法その他の法律に規定された事業主としてのすべての責任を負うこと。
（3）次のイまたはロのいずれかに該当するものであって、単に肉体的な労働力を提供するものでないこと。
　イ　自己の責任と負担で準備し、調達する機械、設備若しくは器材（業務上必要な簡易な工具を除く。）または材料若しくは資材により、業務を処理すること。
　ロ　自ら行う企画または自己の有する専門的な技術若しくは経験に基づいて、業務を処理すること。

Ⅲ　Ⅱの1及び2のいずれにも該当する事業主であっても、それが法の規定に違反することを免れるため故意に偽装されたものであって、その事業の真の目的が法第2条第1号に規定する労働者派遣を業として行うことにあるときは、労働者派遣事業を行う事業主であることを免れることができない。

9 労働者派遣事業と労働者供給事業との違い

労働者供給事業との違い

1 労働者供給とは、いわゆる「人夫供給業」であり、供給契約に基づき労働者を他人の指揮命令を受けて労働に従事させることをいう。

　派遣と労働者供給の違いは、自己の労働者であるか否かであり、労働者供給は労働者の供給先と労働者間に雇用関係があるのが特徴である。

　労働者供給事業禁止の趣旨は、単に中間搾取、強制労働の排除を目的とするだけでなく広く雇用形態の民主化を図ることにある（昭24.2.21 職発239号）。

2 労働者派遣事業は、職業安定法44条によって原則として禁止していた労働者供給事業の中から、供給元と労働者との間に雇用関係があり、供給先と労働者との間に指揮命令関係しか生じさせないような形態を取り出し、種々の規制の下に適法に行えるようにしたものである。

3 したがって、残りの形態（**下図　供給事業①**）のように、供給元と労働者間に雇用関係のないもの、（**下図　供給事業②**）のように供給元と労働者間に雇用関係がある場合でも供給先に労働者を雇用させることを約して行われるものについては、従前どおり全面的に禁止されている。

4 偽装請負は、労働者派遣事業ではなく、労働者供給事業に該当するという考え方もあるが、行政は労働者派遣事業として対応している（派遣先企業名の公表拒否の理由として）。

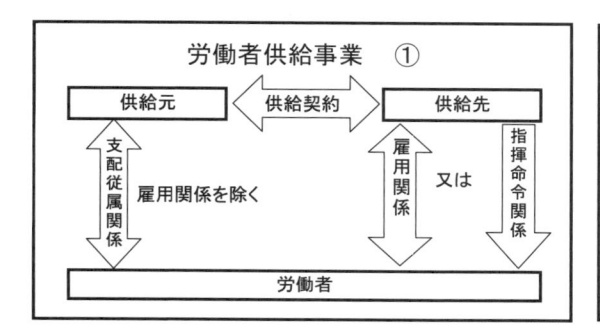

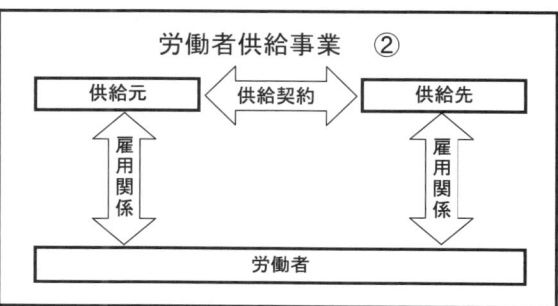

10　労働者派遣事業と出向との違い

　出向とは、出向元と何らかの地位的関係を保ちながら、出向先において新たな雇用関係に基づき相当期間継続的に勤務する形態である。

　出向の種類やその理由は、経営不振となった親会社がリストラ策の一環としてグループ会社・系列会社に送り出す場合や人事交流、技術の継承、経営不振となった他企業から救済措置としての受入れ等多種多様である。

　国土交通省の建設業Q&Aでは、主任技術者や監理技術者の在籍出向者の配置を認めていない。

1　在籍型出向

（1）出向元及び出向先双方と出向労働者との間に雇用関係がある場合である。

　　労働者派遣の場合は、派遣先は派遣元から委ねられた権限に基づき派遣労働者を指揮命令するものであり、派遣先と派遣労働者との間に雇用関係が存在しない点で出向と異なる。

　　しかしながら出向形式でも、反復継続して行うと労働者派遣業の要素が強くなる。最近は、偽装出向が話題となっている。

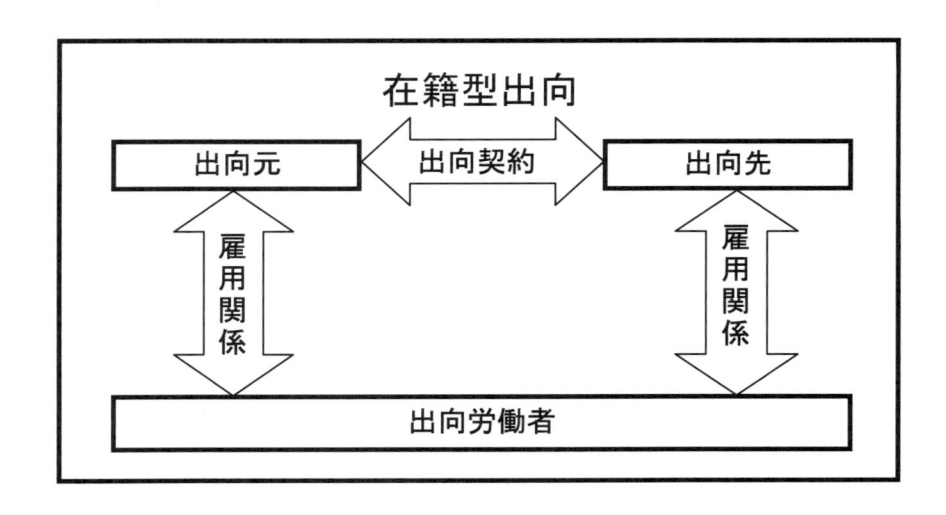

```
                   在籍型出向
    ┌─────┐  ←出向契約→  ┌─────┐
    │ 出向元 │              │ 出向先 │
    └─────┘              └─────┘
        ↕雇用関係              ↕雇用関係
    ┌─────────────────────────┐
    │         出向労働者              │
    └─────────────────────────┘
```

（2）元請社員が下請社員に対し、指揮命令したとして請負を偽装請負と認定された元請企業が、一旦派遣に切り替えた後に元請社員を下請会社に出向させ、指揮命令をしたことが、偽装出向として話題となった。

たしかに、出向の場合は出向先の社員が出向社員に指揮命令できるが、脱法行為という批判を浴びている。

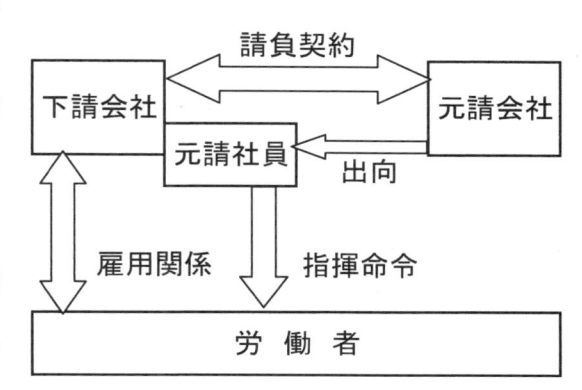

出向に関する法規定はないが、56ページの基準に従えば、偽装請負を免れることが主な目的であれば、脱法行為といえる。

2 移籍型出向

（1）出向先との間のみ雇用関係がある形態であり、出向元と出向労働者との間の雇用関係は終了しているものである。労働者派遣の場合は、派遣先と派遣労働者との間に雇用関係が存在しない点で出向と異なる。

移籍型出向の場合は、出向先に雇用関係が生ずるので、通常は偽装請負の問題は生じないが、「業として」反復継続すれば、労働者供給事業となる。

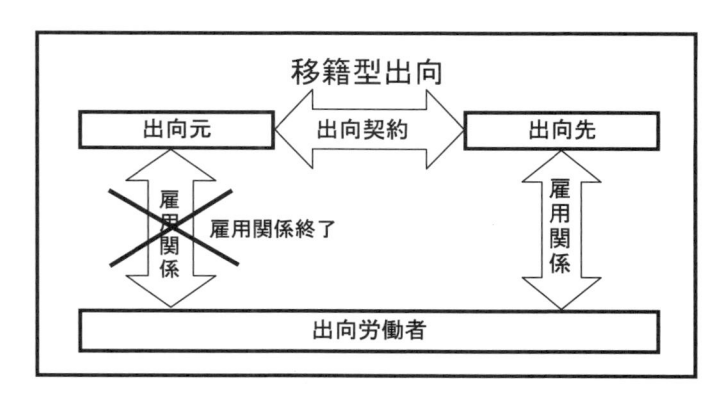

（2）移籍出向の場合は、人事の根幹にかかわる重要事項なので、当該労働者の同意及び、就業規則等での事前周知が厳しく求められる。

当該労働者から退職願を提出させ、退職を承認する旨の辞令を交付して出向させ、数年の出向期間後に復帰させている例もある（退職金は、清算する例と継続する例がある）。

（3）建設業法において、主任技術者及び監理技術者は、派遣、在籍出向者は認められないが、移籍出向は認められている。しかし、出向期間が短い場合や反復継続して行うと脱法行為とみなされる可能性もある。

> **厚生労働省「労働者派遣事業関係取扱要領」（抜粋）**
> **出向について**
>
> ホ　ニのとおり、在籍型出向は労働者派遣に該当するものではないが、その形態は、労働者供給（（5）参照）に該当するので、その在籍型出向が「業として行われる」（3の（2）参照）ことにより、職業安定法（昭和22年法律141号）第44条により禁止される労働者供給事業に該当するようなケースが生ずることもあるので、注意が必要である。
> 　　ただし在籍型出向と呼ばれているものは、通常、①労働者を離職させるのではなく、関係会社において雇用機会を確保する、②経営指導、技術指導の実施、③職業能力開発の一環として行う、④企業グループ内の人事交流の一環として行う等の目的を有しており、出向が行為として形式的に繰り返し行われたとしても、社会通念上業として行われていると判断し得るものは少ないと考えられるので、その旨留意すること（3の（2）参照）。
> ヘ　二重の雇用契約関係を生じさせるような形態のものであっても、それが短期間のものである場合は、一般的には在籍型出向と呼ばれてはいないが、法律の適用関係は在籍型出向と異なるものではないこと（例えば、短期間の教育訓練の委託、販売の応援等においてこれに該当するものがある）。
> ト　なお、移籍型出向については、出向元事業主と労働者との間の雇用契約関係が終了しているため、出向元事業主と労働者との間の事実上の支配関係を認定し、労働者供給に該当すると判断し得るケースは極めて少ないと考えられるので、その旨留意すること。
> 　　ただし、移籍型出向を「業として行う」（3の（2）参照）場合には、職業紹介事業に該当し、職業安定法第30条、第33条等との関係で問題となる場合もあるので注意が必要である。
> チ　いわゆる出向は、法の規制対象外となるが、出向という名称が用いられたとしても、実質的に労働者派遣とみられるケースがあるので注意が必要である。

11 労働者派遣法違反についての罰則

1　派遣元の事業の事業者が、解禁されてない建設業（肉体労働）等に対する違法派遣を行った場合は、1年以下の懲役または百万円以下の罰金、加えて許可を受けないで一般労働者派遣事業を行った場合も1年以下の懲役または百万円以下の罰金、あるいは法定の届出書を提出しないで特定労働者派遣事業を行った場合は、6カ月以下の懲役または30万円以下の罰金に処せられる。

2　偽装請負は、職業安定法44条による労働者供給事業ではなく、労働者派遣法違反である。

　労働者派遣法第4条3項では、派遣労働者を建設業（肉体労働）の業務に従事させてはならないとして、派遣先に対し禁止しているが罰則規定がない。

3　つまり、労働者派遣法の処罰対象は、派遣元であり派遣先は対象外である。

4　職業安定法44条違反（労働者供給）は、1年以下の懲役または百万円以下の罰金であるが、供給元と供給先とが処罰対象となっているのが特徴である。

　立法政策的な判断により差を設けたものと考えられるが、労働者派遣法違反でも理論的には供給先についても共犯として労働者派遣法違反で立件される可能性はある。

5　したがって、供給先においても請負関係を明確にする必要がある。

6　労働基準法6条では、「何人も、法律に基づいて許される場合の外、業として他人の就業に介入して利益を得てはならない。」と中間搾取の排除について規定しているが、労働者派遣法は利益を得るか否かにかかわらず対象としている。

　これは単に中間搾取の排除、強制労働の排除を目的とするだけでなく、広く雇用形態の民主化を図ることにあるもので、労働基準法以上に厳しいものといえる。

12　偽装請負等に対する建設業法の立場

1　建設業法第8条8号では、労働者の使用に関する法令の規定に違反し、罰金刑に処せられた場合は、処分を受けて5年を経過しない者に対しては建設業の許可をしてはならないことになっている。
　建設業の元請が労働者派遣法に違反し、罰金刑に処せられた場合は、元請が建設業許可の更新を受けようとする際には制限されることになる。

2　労働者の使用に関する法令の規定には、強制労働、中間搾取、建設業に派遣した派遣元の派遣事業が該当する。
　ここでは、労働者派遣法違反が強制労働や中間搾取という極めて悪質・重大な違反行為と同列になっていることに注意を要する。

3　偽装請負で派遣事業と判断された派遣元がこれに該当することになる。
　偽装請負として派遣元となるのは、1次下請、2次下請等下位の請負人が普通であるが、複雑な請負形態によっては元請や発注者が派遣元で、1次下請が派遣先となる等、上位の請負人や発注者が下位に対して派遣元となる例も考えられる。
　この場合、労働者派遣法違反となるのは、発注者や大手建設会社の可能性があり、もし罰金刑に処せられると、大手建設会社は建設業許可の更新手続において、上記のように制限されることになる。

　建設業法
　　労働者派遣法等で罰金刑をうけると、処分を受けて5年経過しないと建設業許可しない

13 警備業における請負と労働者派遣

1 労働者派遣法では、建設業と警備業は派遣事業を行うことを許されていない。

建設業においては、重層的な請負関係が古くから定着しているが、歴史の浅い警備業においても請負（業務委託＝準委任、以下請負という）による労働者の「派遣」がみられるところである。

建設業における請負は、歴史も古くいろいろな雇用の慣習もあることから、請負と労働者派遣の区別がつきにくい分野もあるが、警備業については業界の特殊性から比較的区別がつきやすいといえる。

2 警備業における請負と労働者派遣

建設業においては、労災保険は下請事業場が加入する必要がなく、現場一括で元請事業場が加入している。

請負系列も2次・3次・4次下請と極めて重層的で、下位になると元請が完全に把握できない場合も多い。

この点、製造業（造船業を除く）や鉄道、警備業は極端な重層化は少ないので管理しやすいといえる。

3 警備業は、その業務の特殊性から警備業法で厳格に管理されており、比較的請負か労働者派遣かの区別がつきやすいので、警備業の当面考えられる労働者派遣法の違反行為を、

「労働者派遣業と請負により行われる事業との区分に関する基準（昭和61年4月17日労働省（当時）告示第37号）」（49ページ参照）

による基準にしたがって参考のため以下分類してみる。

14 警備業における労働者派遣法違反の形態

大きく分けて次のような違反形態が考えられる。

49ページの告示37号の基準にしたがって検討する。

例1 契約先と警備会社との関係において、指揮命令関係等で労働者派遣法に抵触する場合

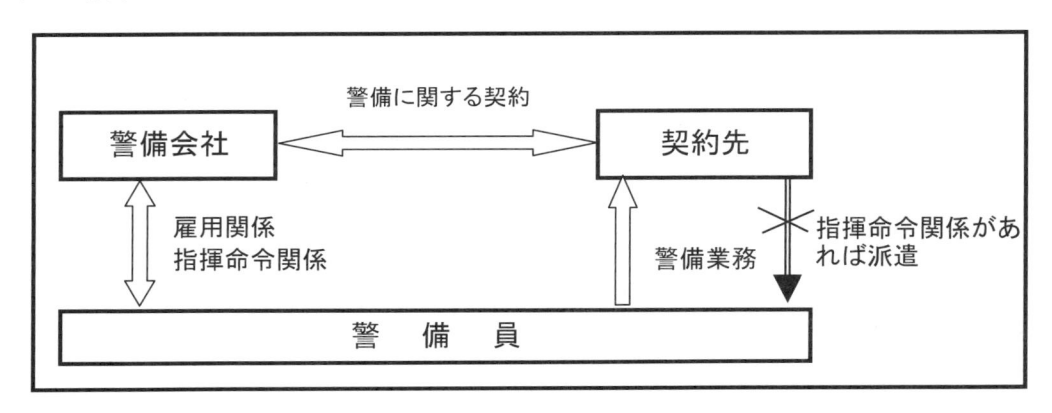

```
┌─────────────────────────────────────────────┐
│  警備会社  ⇔ 警備に関する契約 ⇔  契約先      │
│     ↕                              ↑          │
│  雇用関係                      指揮命令関係が │
│  指揮命令関係       警備業務    あれば派遣    │
│          警 備 員                             │
└─────────────────────────────────────────────┘
```

① 契約の相手方からの独立性　[基準Ⅱ、2、(2)に関して]

　　警備員が契約先において警備上外を問わず、第三者に損害を与えた場合に、民法、商法等で規定された事業主としての責任を負わない契約の場合。

② 指揮命令関係　[基準Ⅱ、1、(1)、①、②に関して]

　　あたかも契約先の社員のごとくに警備員に対して、直接指揮命令がなされている場合。

③ 肉体労働の提供　[基準Ⅱ、2、(3)、イに関して]

　　警備員が着用する制服や警備に要する機材等が契約先から支給され、単に肉体労働だけが提供されている場合。

④ 警備員の配置等の決定及び変更　[基準Ⅱ、1、(3)、②に関して]

　　契約先から特定の警備員の指名がなされ、その他警備会社が配置や変更等について権限がない場合。

例2　自社の警備員を他社（別法人含む）の警備業者に貸し出す（使用させる）、または他の警備業者から警備員を借りる（使用する）場合

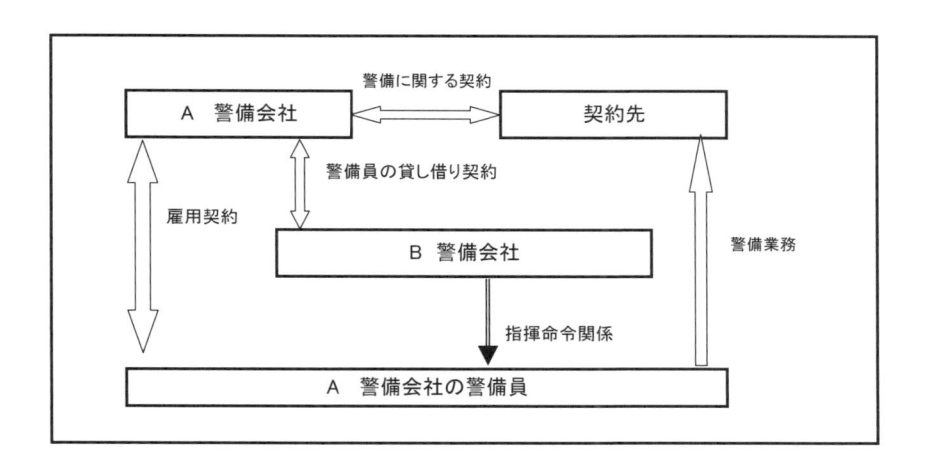

```
┌─────────────────────────────────────────────────┐
│   A 警備会社  ←警備に関する契約→  契約先        │
│      ↑↓     ←警備員の貸し借り契約→             │
│   雇用契約          B 警備会社         警備業務  │
│      ↓                 ↓指揮命令関係            │
│   A 警備会社の警備員                             │
└─────────────────────────────────────────────────┘
```

　零細な建築工事業においては、仕事の繁忙期において作業員の貸し借りが行われているが、金銭による決済でない限り労働者派遣性は弱いと考えられる。
　警備員の貸し借りが金銭決済であれば、労働者派遣に該当する。
　このような場合、出向形式も考えられるが、労働者派遣法との抵触も考えられるので慎重な対応が望まれる。

例3　自社が契約した契約先に他社（別法人含む）の警備業者を下請けに出し、労働者派遣法に抵触する場合

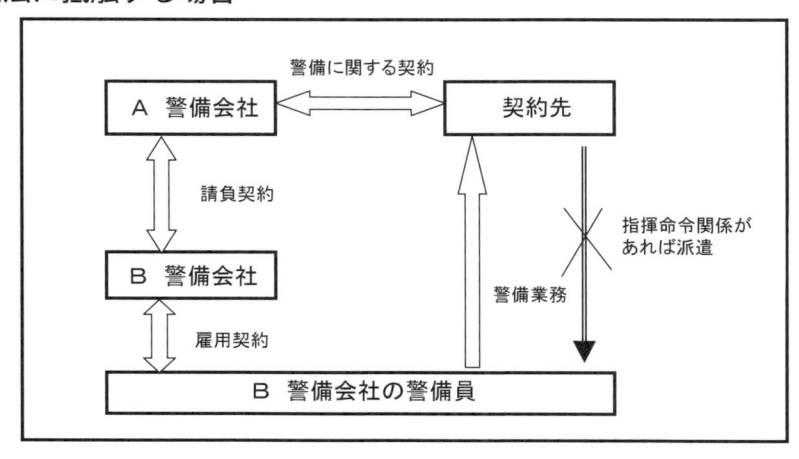

```
┌─────────────────────────────────────────────┐
│   A 警備会社  ←警備に関する契約→  契約先     │
│      ↑↓                                      │
│   請負契約                      指揮命令関係が │
│      ↓                          あれば派遣    │
│   B 警備会社                    警備業務       │
│      ↑↓                                      │
│   雇用契約                                    │
│      ↓                                        │
│   B 警備会社の警備員                          │
└─────────────────────────────────────────────┘
```

基本的には、事例1と同様である。

自社をA社、他社をB社とすると、

① 肉体労働の提供　[基準Ⅱ、2、(3)、イに関して]

　警備員が着用する制服や警備に要する機材等がA社から支給され、単に肉体労働だけが提供されている場合。

② 指揮命令関係　[基準Ⅱ、1、(1)、①、②に関して]

　○　あたかもA社の警備員のごとくにB社の警備員に対して、A社から直接指揮命令がなされている場合。

　○　契約先から直接指揮命令がある場合。

③ 契約の相手方からの独立性　[基準Ⅱ、2、(2)に関して]

　B社の警備員が契約先において警備上外を問わず、第三者に損害を与えた場合に、第三者に対しては一次的にA社が負担し、民法、商法等で規定された事業主としての責任を負わない契約の場合。

偽装請負のパターン

行政資料より

<代表型>

　請負と言いながら、発注者が業務の細かい指示を労働者に出したり、出退勤・勤務時間の管理を行ったりしています。偽装請負によく見られるパターンです。

<形式だけ責任者型>

　現場には形式的に責任者を置いていますが、その責任者は、発注者の指示を個々の労働者に伝えるだけで、発注者が指示をしているのと実態は同じです。単純な業務に多いパターンです。

<使用者不明型>

　業者Ａが業者Ｂに仕事を発注し、Ｂは別の業者Ｃに請けた仕事をそのまま出します。Ｃに雇用されている労働者がＡの現場に行って、ＡやＢの指示によって仕事をします。一体誰に雇われているのかよく分からないというパターンです。

<一人請負型>

　実態として、業者Ａから業者Ｂで働くように労働者を斡旋します。ところが、Ｂはその労働者と労働契約は結ばず、個人事業主として請負契約を結び業務の指示、命令をして働かせるというパターンです。

第3章

重層請負における元請の責任について
（建設業界における偽装請負事例と防止対策）

労働安全衛生法違反の捜査報告書（仮）でみる偽装請負

15 安全措置義務違反（労働安全衛生法）

1　造船業及び建設業においては、重層的請負形態のもとで、混在作業が行われている実態から、労働安全衛生法には、統括安全衛生管理体制（労働安全衛生法15条、16条）や特定元方事業者等の講ずべき措置（30条～32条）の特別規制が定められている。

　本来、重層的請負形態のもとにおいても、元請であるというだけで自社と雇用関係のない下請労働者の労働災害について、民事的にも刑事的にも責任を問われることはない。

2　元請がその責任を問われるのは、上記の特別規制の場合と、元請が下請労働者をあたかも自社の労働者のごとく直接指揮監督する場合である。

　従来の裁判例では、元請が下請労働者に対して、あたかも元請の労働者のごとく直接指揮監督した場合は

① 事実上の使用従属関係の存在及び労働契約の成立に必要な両当事者の合意を推認するに足る何らかの事情の存在を前提とし、そこに元請との使用従属関係

が発生し、黙示の労働契約が成立するとするもの

② 法人格否認の法理を適用するもの（民事の場合）

等があった。

　ここでは、労働者派遣法施行以来、実務的にはこのような学説・判例等はあまり重要でなくなったと考えられることから、詳細は省略する。

3　重層的請負形態における元請等上位の責任を追及するため、これまで多くの判例や法理論が構成されてきたが、昭和61年の労働者派遣法の施行以来、元請が下請労働者に対して、あたかも元請の労働者のごとく直接指揮監督した場合は、労働者派遣法の適用で定着している。

4　作業・安全指示は、請負としての形式的な要件の具備である。

　請負か労働者派遣かは、実態で判断されるが、以下考察してみる。

　なお、82ページの「21　対応について」1　請負の見直し・改善でも触れている。

（1）混在作業が行われている造船業や建設業においては、元請は下請労働者に対して安全管理上の見地から直接指示を行うことも必要なことである。

　　元請と下請との請負契約に基づく注文や指示等は個別に行わず、各下請事業場の職長等現場代表との作業打合わせや工程会議等において合同で行われている。

（2）また、下請労働者に対する作業指揮を直接当該下請が行わず、元請が直接行っているという実態もある。

　　つまり、元請と下請との請負契約に基づく注文や指示等は、事実上省略されている。

（3）元請が下請に対する指示書は、1次下請のみで2次下請に対しては、**次図**の作業・安全指示・日報のように同一の指示書で行われている例もある。

　　請負契約に基づく個々の作業指示や安全指示であるならば、今後は元請から1次下請に、2次下請から3次下請に、それぞれ個別に独立して行う必要がある。

第3章
重層請負における元請の責任について

しかし、多種多様な書類の提出を関係下請に求めることになり、今でさえ煩雑な各種管理（マネージメント）に加えることで混乱を招くことも懸念される。

(協力会社名) 関内西亜建設　殿					作業・安全指示・日報		(元請) KEEK ㈱ 平成 17 年 11 月 28 日			
下請負業者	作業内容	責任者名	予定人数	実績人数	安全に関する指示・注意事項	必要保護具	作業主任者等	下請責任者署名	確認
関内西亜建設　注意①	型枠工事　安全管理・施工管理		2						
セイア工務店　注意②	墨出し、資材搬入、		10						
注意①は一次下請　注意②は二次下請									

事例でみる偽装請負

過去の災害事例を参考に、具体的な事案として捜査報告書のかたちで、偽装請負に関する筆者の考え方を紹介する。

（過去の事例を参考とするが、事実関係も捜査報告書も筆者の創作である）

捜査報告書は、捜査の経過や結果を明確にするために作成されるが、専門性の高い事項についての解説書的役割をもつものである。

16　事例…その1　捜査報告書（仮）（建設業）

本来は労働者派遣が禁止されている建設業においても、就労実態から請負関係を否定され、労働者派遣法が適用されて、下請労働者に対して元請が安全措置義務違反とされる。

労災の特別加入に入り、一人親方として当事者が認識していても、就労実態が労働者であれば労働者と認定されることもある。

就労実態から厳密に請負か労働者派遣かを検討する過程では、一人親方の労働者性にまで言及することになる。

「一人親方」、「一人請負」、「個人事業主による請負」という就労実態があるが、発注者から指揮命令関係があると、偽装請負となり、労働者派遣法が適用される。

一方、労働者と認定されると労働基準法、労災保険法、労働安全衛生法が適用されるが、労働者性の判断は労働基準監督署が214ページの基準を参考に、実態から判断している。

次の事例は、就労実態から特別加入者（一人親方）を労働者とし、さらに請負契約を否定して労働者派遣法を適用される可能性があるものである。

第3章
重層請負における元請の責任について

捜査報告書（仮）

第1　事実関係等

1　A社は、発注者（市）から公民館建設工事一式を請け負うもの。1次下請B社はエレベーターの機械・設備を据え付ける専門工事業者、C社はほとんどの工事をB社から再請け負う事業者で、D・E・F等一人親方に仕事を請け負わせているもの。

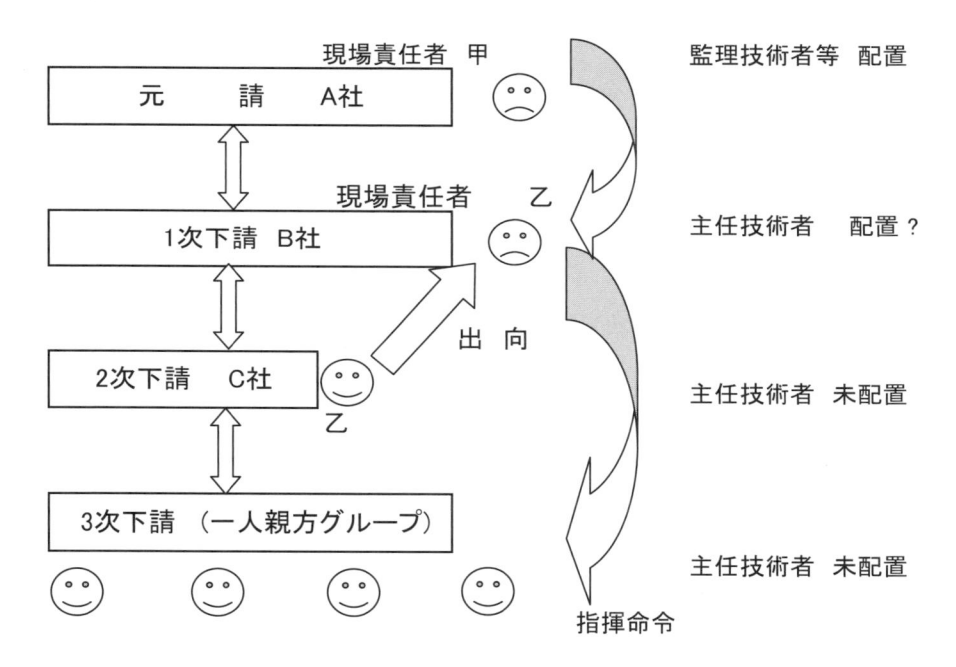

```
                              現場責任者 甲
    ┌─────────────┐           ☹        監理技術者等　配置
    │  元　請　A社  │
    └─────────────┘
         ↕
                              現場責任者 乙
    ┌─────────────┐           ☹        主任技術者　配置？
    │ 1次下請 B社  │
    └─────────────┘
         ↕                   出向
    ┌─────────────┐           ☺        主任技術者　未配置
    │ 2次下請 C社  │         乙
    └─────────────┘
         ↕
    ┌──────────────────────┐           主任技術者　未配置
    │ 3次下請（一人親方グループ）│
    └──────────────────────┘
      ☺    ☺    ☺    ☺
                              指揮命令
```

2　被災者Dは、一人親方として労災保険に特別加入し、特別加入者E等とグループを組み、主にB社の機械・設備等の据付けを請け負う者。グループは、リーダーの一人親方Eを通してC社から仕事を請け、請負代金はEが計算し出勤日数に応じて分配されている。グループは軽微な道具等は共同保有するものの、多くの機械設備はC社から貸与されている。

　　ほとんどの工事において、C社の者が現場に常駐することはなかった。

3　被災者D・E・F等は、1次下請B社の現場責任者（主任技術者）乙の作業指揮を受け、手すり等墜落防止措置のない深さ5mの開口部付近で、エレベーター

の機械・設備の据付工事に従事中、墜落し死亡した。
4　1次下請B社の現場責任者（主任技術者）乙は、2次下請C社の所属労働者であるが、本件施工に際しB社とC社との出向契約により、辞令交付・教育等を受けて正式にB社に出向していた。

第2　労働者性の判断

被災者Dは、日額、14,000円で労災の特別加入をしている一人親方であり、C社が工事の一部を被災者Dらのグループに下請けさせる、契約上請負の形式をとっていたことから、C社が「事業者」であるか、被災者Dがこれに使用される「労働者」であるか検討したところ、被災者Dらは一人親方のグループを構成してエレベーターの機械・設備の据付工事を行っていたものの、実態は単なる労務を提供し、出来高払いによって労働賃金を得ているに過ぎない労働者であると判断された。

第3　労働者派遣法の適用について

1　建設業における労働者派遣法の適用について
（1）労働者派遣法45条で規定されている、労働安全衛生法等の適用の特例規定等については、第2章に定められている「適用対象業務」、許可、届出が、要件にはなっていない。
（2）建設業については、「適用対象業務」に入っておらず、「労働者派遣」は認められていないが、実態が「労働者派遣」になっていれば、第3章第4節が適用される。

2　本件における労働者派遣法の適用
発注者及び元請に提出しているC社の責任者は実際に現場にいることはなく、被災者Dらに対する作業の現実の指揮監督関係や安全管理上の配慮は、B社の現場責任者乙によってなされていたと認められる。以上の事実から、B社を被災者Dを雇用する「事業者」、被災者を「労働者」、B社の現場責任者乙を「指揮監督者」とし、さらにC社は被災労働者をB社に派遣した「派遣元事業主」、B社は「派遣先事業主」と判断される。

3 労働者派遣法45条により、派遣先の事業を行うB社が派遣中の労働者Dを使用する事業者とみなされることから、本件に関する措置義務者は派遣元C社ではなく、派遣先事業主であるB社である。

（元請A社については省略）

第4　特例規定について

（1）　労働安全衛生法の適用に係る事業者のみなし規定を定める第45条第3項、第5項の条文は、次のとおりである。

第45条　第3項（抜粋）

　労働者がその事業における派遣就業のために派遣されている派遣先の事業に関しては、当該派遣先の事業を行う者を当該派遣中の労働者を使用する事業者と、当該派遣中の労働者を当該派遣先の事業を行う者に使用される労働者とみなして、労働安全衛生法…第20条から第27条まで、…の規定並びに当該規定に基づく命令の規定（これらの規定に係る罰則の規定を含む。）を適用する。…

第45条　第5項（抜粋）

　その事業に使用する労働者が、派遣先の事業における派遣就業のために派遣されている派遣元の事業に関する第3項前段に掲げる規定及び…の適用については、当該派遣元の事業の事業者は当該派遣中の労働者に使用されないものとみなす。

● この事案に対する建設業法からの検討 ●

　労働基準監督署が労働安全衛生法違反として捜査する場合、以上のように労働者派遣法を適用して、措置義務者を1次下請B社の乙と判断し、両罰規定でB社を併せて立件する。C社の責任は派遣元なので問わない。とするのが普通である。

　監督署は、このように乙の出身母体については触れない。

　これを建設業法でみると、次の建設業法に抵触する行為がある。

①　出向者を主任技術者に配置・・・建設業法違反
②　主任技術者を借り上げ・・・・・建設業法違反

③　主任技術者の未配置・・・・・・建設業法違反

1次下請B社と2次下請C社が建設業法違反となる。

C社の主任技術者未配置が災害発生の一因と考えることもでき、C社を不問としてきたこれまでの手法は災害防止上等からも疑問である。

（関連記事は 39 ページ、89 ページ、177 ページ参照）

主任技術者となるためには、当該企業と直接的かつ恒常的な雇用関係を有していることが必要である。

参考

昭和 61 年 6 月 6 日付　基発第 333 号

労働者派遣事業の適正な運営の確保及び派遣労働者の就業に関する法律（第 3 章第 4 節）の施行について

労働基準法等の特例規定の範囲

適用範囲

特例等は、労働者派遣という就業形態に着目して、労働基準法等に関する特例を定めるものであり、業として行われる労働者派遣だけでなく、業として行われるものではない労働者派遣についても適用されるものである。

また、労働者派遣法に基づき労働者派遣事業の実施につき許可を受けまたは届出をした派遣元事業主が行う労働者派遣に限られず、さらに、同法に定める労働者派遣の適用対象業務に限られないものである。

17 事例…その2 （建設業）

1次下請とその2次下請も同時に労働者供給とみなされる例

捜査報告書（仮）

1 事実関係

（1）A社は、道路新設工事を請け負うもので、1次下請B社は車両系建設機械の運転業務を請け負っている事業者、C社はB社の下請業者で、現場内の清掃・片付けや散水等の雑工事を請け負っているもの。

被災者丙は、C社の所属労働者である。

（2）被災者丙は、現場内で廃材の片付け作業中に、後進してきたB社の乙が運転する建設機械に轢かれて死亡したもの。

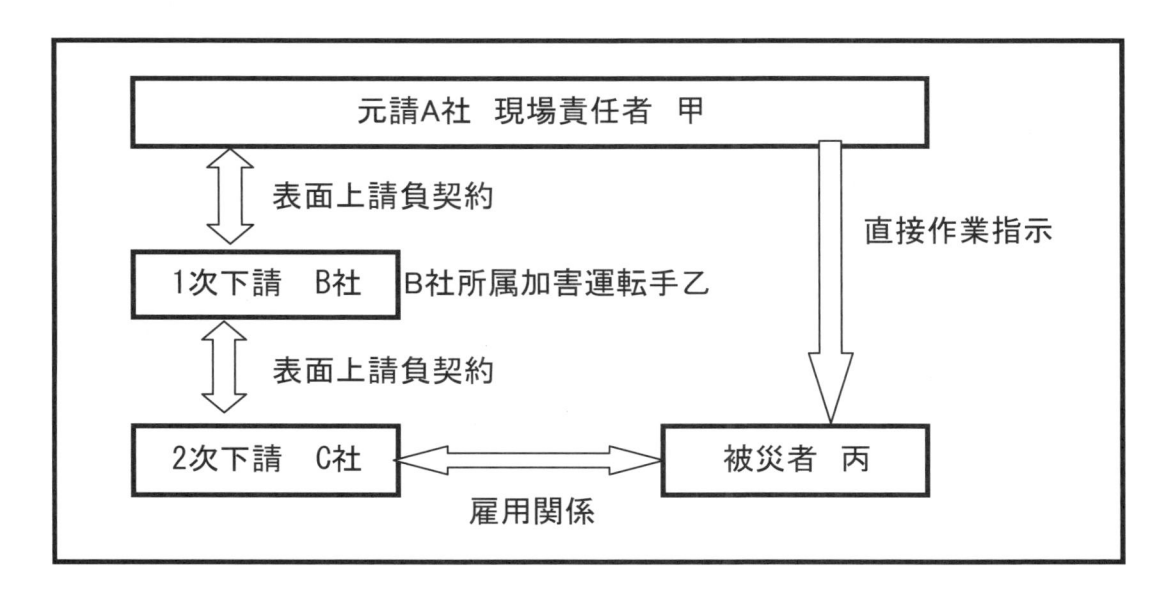

```
┌─────────────────────────────────────────────┐
│         元請A社 現場責任者 甲               │
│         ↑↓ 表面上請負契約        ↓         │
│                                  直接作業指示 │
│   1次下請 B社  B社所属加害運転手乙          │
│         ↑↓ 表面上請負契約                   │
│                                             │
│   2次下請 C社 ←──────→ 被災者 丙          │
│              雇用関係                       │
└─────────────────────────────────────────────┘
```

2 捜査結果について

本件災害に関して、車両系建設機械の運転を行っていた労働者乙は、A社の1次下請事業者であるB社に所属する労働者であり、被災労働者丙はB社の再下

請事業者Ｃ社に所属する労働者であったが、Ｂ社はＡ社に対して単に労働者派遣的な実態であること、Ｃ社はＢ社をとおしてＡ社に対しても単に労働者派遣的な実態であることが判明したことから、本件に関して、Ａ社はＢ社及びＣ社に対し、派遣先事業主と認められ、「労働者派遣事業の適正な運営の確保及び派遣労働者の就業条件の整備等に関する法律（労働者派遣法）」の第45条第3項（労働安全衛生法の特例規定）が適用されるものと判断されるため、派遣先事業主であるＡ社について、本件にかかる安全措置義務があったとして、Ａ社を本件にかかる被疑者として立件できるものと判断される。

3　労働者派遣法の適用について

（1）元請Ａ社と1次下請Ｂ社との関係について

　　表面上の請負契約においては、請負代金の支払は、出来高となっていたが、機械・設備等は全て元請からの支給・貸与であり、代金支払も基本的には単価計算であったこと、元請から直接作業指揮を受けていたこと、その他「労働者派遣事業と請負により行われている事業との区分に関する基準（昭和61年4月17日労働省（当時）告示第37号）」の基準に照らし労働者派遣関係にあると認められる。

（2）元請Ａ社・1次下請Ｂ社と2次下請Ｃ社との関係

　①　Ｃ社は、現場内の清掃・片付け、散水等「雑作業」を請け負っているもので、単に肉体的な労働力を提供するものであること

　②　元請は雑工事の費用として1人工あたり「14,000円」の常用単価でＢ社に支払い、Ｂ社はその単価から諸経費を控除して、Ｃ社に人工計算で支払っていること

　③　作業に従事するＣ社の労働者を元請Ａ社が直接指揮監督していたこと

　等から、元請Ａ社とＣ社は労働者派遣関係にあると認められる。

　　しかし、表面的にはＢ社とＣ社は労働者派遣関係にあるが、（1）においてＢ社の実態が元請Ａ社に対して「労働者派遣」であることから、Ｂ社は労働者派遣法第45条3項にいう「派遣先の事業を行う者」には該当しないと判断さ

れる。

　被災者丙はC社からB社をとおして元請A社の事業に派遣されていたものと認められる。

　A社は、B社及びC社から車両系建設機械の運転手及び土木作業員等の派遣を受けて自己の指揮命令の下に当該作業に従事させていた事業者である。

（3）安全措置義務について

　1次下請B社と2次下請C社との安全措置義務は、労働者派遣法第45条5項により、免責される。

　元請A社については、労働者派遣法第45条3項により安全措置義務が発生する。

（4）関係条文

　　労働安全衛生法第20条1項

　　労働安全衛生規則第158条1項

　　労働者派遣事業の適正な運営の確保及び派遣労働者の就業条件の整備等に関する法律第45条第3項

（参考）

労働安全衛生規則第158条1項
　　事業者は、車両系建設機械を用いて作業を行うときは、運転中の車両系建設機械に接触することにより労働者に危険を生ずるおそれのある箇所に、労働者を立ち入らせてはならない。ただし、誘導者を配置し、その者に当該車両系建設機械を誘導させるときは、この限りでない。
　　本件災害に関する安全措置義務は、①労働者の立ち入り禁止措置、②誘導者の配置であるが、原則として労働者を雇用している事業者責任であり、元請の責任である労働安全衛生規則第31条（注文者の講ずべき措置）には該当しない。
　　労働者派遣法の適用により、元請であっても下請労働者に対する事業者責任が問われることになる。

（参考）

「職員の借り上げ」
　　建設会社では繁忙時において、従来から系列会社や業務提携している会社から職員を借り上げ業務委託することが行われているが、労働者派遣との関係で明確でない。
　　しかし、国土交通省等の建設業法Q＆Aでは、「作業員を常傭作業員として他の会社から調達」の場合は、請負でない限り労働者派遣法違反であると回答している。（98ページ参照）
　　派遣業務が可能な管理的業務分野（78ページ参照）に限り正式な派遣業務として派遣するよう、派遣元に労働者派遣事業の許可の取得を指導している会社もある。
　　一般には、いわゆる「手間貸し」（手間返し）は、手間の貸し借りを行っている者の間では、労働基準法上の労働者性の問題は生じない（労働法コンメンタール）。

18 「常用（常傭）」について　（参考）

1　建設業や製造業の下請け契約において、常用単価で契約している例がある。

　常用契約（常傭契約）は、時間当たり単価によって報酬が支払われることを基本とする。

　請負は、ある仕事の完成を目的とするものであり、住宅1件の建設を○○万円で請け負うものや、舗装や掘削を1メートル当たり○○円で請け負うという契約が請負としては明確であるが、現実の請負契約においては時として、「常用単価」契約が行われている。

　現場内の清掃やスコップ等を使用した排水作業等の「雑作業」等は、作業員1人当り日額○○○○円という人工賃で計算されているもので、常用とよばれている。

2　このような雑作業等においては、施工範囲等の指定は行われず、元請や上位請負人社員等の指示により作業をすることも多い。

　業界ではこの「常用」という言葉を何気なく使用しているが、元請の指揮命令の下にあると推定され、偽装請負との関係で問題となることがあるので注意を要する。

　建設業界では現実的には「雑作業」が不可欠であるが、請負としての「仕事の完成」に対する工事代金や出来高計算等は、なじまない面もある。建設業の単なる肉体労働の労働者派遣が禁止されていることもあり、人工計算「常用」に対する、抜本的解決はなかなか難しい問題である。

常用単価についての建設業法の姿勢

「建設業法Q&A」における国土交通省の対応（126ページ参照）。

質問 労務のみの常傭工事は、単価契約である場合が多いが、請負契約工事になるでしょうか。

回答 個人（労働者等）が事業者として契約する場合は、請負契約工事に該当します。この場合、請負工事にして、下請契約を結ばないと、労働者派遣法に違反し、労働局から、処分を受けるおそれがあります。労働者派遣法に「派遣した労働者を建設作業に従事させてはならない。」とあります。（建設業関連法規に関する相談事例　平成16年12月社団法人高知県建設業協会）

3　「常用」については、次のような指摘がある。

　「たとえば建設業などで、いわゆる常用といわれているような、雇用者が下請負人とはいうものの、実態は人夫供給だけで、具体的に労働者に従事させる作業内容、作業場所、方法などを決定して指示することのないような場合は、その雇用主は労働者を指揮、監督するものとはいえず、直接労働者に作業内容、方法などを指示しそれに従事させる元請業者が、指揮、監督権限を有し（この場合明示または黙示による権限委譲があったことになろう）、事業者となる。しかし、雇用主が請け負った仕事について、自ら作業内容、作業方法、作業時期、場所等を具体的に決定して労働者を指揮して作業につかせ、現場での作業の進行について

は元請負業者の指示に従わせることにしたというような場合には、元請業者の指示は一面では注文者としての指示、一面では下請負人である雇用主に代わって同人の指揮、監督を代行するというようにみることができ、この場合には雇用主が事業者ということになる。」

(寺西輝泰「労働安全衛生法違反事件の研究」)

4 　建設業においては、足場組や鉄骨組の請負等においては、㎡計算や鉄骨トン計算等で行われているが、足場組や鉄骨組でもすべてがこのような計算はできず、ましてや軽作業においては、労務単価×人数×日数等で計算している例が多い。

　この点については、情報処理産業の団体が行政に対して、「対価を単価×期間で決定すること」のみをもって適正な請負ではないと判断しないよう、業界の実情を訴えて要望書を提出している(「偽装請負と事業主責任」労働新聞社、107ページ)。

19　建設業で派遣業務ができるもの　（参考）

　建設業においては、労働者派遣業務が禁止されているが、全て禁止されているわけではない。

1　厚生労働省「労働者派遣事業関係業務取扱要領（平成21年5月）」を抜粋する。

　イ　1の②の建設業務は、「土木、建築その他工作物の建設、改造、保存、修理、変更、破壊若しくは解体の作業またはこれらの準備の作業にかかわる業務」を言うが、この業務は建設工事の現場において、直接にこれらの作業に従事するものに限られる。したがって、例えば、建設現場の事務職員が行う業務は、これによって法律上当然に適用除外業務に該当するということにはならないので留意すること。

　ロ　土木建築等の工事についての施工計画を作成し、それに基づいて、工事の工程管理（スケジュール、施工順序、施工手段等の管理）、品質管理（強度、材料、構造等が設計図書どおりとなっているかの管理）、安全管理（従業員の災害防止、公害防止等）等工事の施工の管理を行ういわゆる施工管理業務は、建設業務に該当せず労働者派遣の対象となるものであるので留意すること。

　なお、工程管理、品質管理、安全管理等に遺漏が生ずることのないよう、請負業者が工事現場ごとに設置しなければならない専任の主任技術者及び監理技術者については、建設業法（昭和24年法律第100号）の趣旨に鑑み、適切な資格、技術力等を有するもの（工事現場に常駐して専らその職務に従事する者で、請負業者と直接的かつ恒常的な雇用関係にあるものに限る。）を配置することとされていることから、労働者派遣の対象とはならないものとされていることに留意すること。

2　建設業務で禁止されているのは、

　土木、建築その他工作物の建設、改造、保存、修理、変更、破壊若しくは解体の作業またはこれらの作業の準備に係る業務をいい、建設工事の現場において直

第3章
重層請負における元請の責任について

接これらの作業に従事するものに限られる。

　設計、積算、施工管理等の業務については、派遣業務の対象となる。

　したがって、工事の工程管理（スケジュール、施工順序、施工手段等の管理）、品質管理（従業員の災害防止、公害防止等）等の工事の施工管理を行う、いわゆる施工管理業務は派遣対象業務となる。

　ただし、統括安全衛生責任者等は、一般に安全管理を行う者で、法定要件により選任することが事業者に義務付けられており、現場を統括管理できる者が要件である。現場を統括管理できる権限と能力があるとは派遣労働者には考えられない。出向者には可能性はあるが限定的であり、事業者との間に何らかの雇用関係が必要と考えるのが妥当である（詳細は160ページＱ３参照）。

20 設計監理を行う者は、特定元方事業者ではない。（参考）

　大型の工事等において、発注者が工事現場に監督員を常駐させ管理監督している例もあるが、普通は設計監理であり、特定元方事業者ではない。

1　監督員とは、建設業法19条の②、2項に定める者で、請負契約の履行に関し、注文者の代理人として設計図や仕様書等にしたがって、工事が的確に施工されているかどうかを監督するものである。注文者が必要により置くもので公共工事とは限らないが、工事発注形態や請負形態の複雑化等により、特定元方事業者に該当するか否かで問題となる。

2　工事の設計監理のみを行っているに過ぎない発注者等は、特定元方事業者に該当しない。しかし、施工管理を行えば特定元方事業者になる。

3　設計監理とは、設計図、仕様書等の設計図書を作成し、工事が設計図どおりに行われているかどうかを確認する業務をいい、通常設計事務所が行っている業務がこれに該当する（昭47.11.15　基発725号）。

4　施工管理とは、工事の実施を管理することで、工程管理、作業管理、労務管理等の管理を総合的に行う業務をいい、通常総合工事業者が行っている業務がこれに該当する。

　設計監理と施工管理について関係法令との関係を次に示す。

設計監理と施工管理				
	管理別	関係条文(民法)		関係条文(安衛法等)
発注者	設計監理	民法716条の責任	(注文者の責任)	労安法30条2項
元請負人 建設業等の仕事を 自ら行なう注文者 (31条)	設計監理 施工管理	民法415条の責任 民法715条の責任 民法717条の責任	(債務不履行) (使用者責任) (所有者責任)	安衛法31条等 (注文者の講ずべき措置) 安衛法20条等 (事業者責任)
下請負人	施工管理	民法415条の責任 民法715条の責任 民法717条の責任	(債務不履行) (使用者責任) (所有者責任)	安衛法32条等 安衛法20条等 (事業者責任)
発注者等も施工管理すれば特定元方事業者になる				

偽装請負の防止（是正）対策　多重派遣の改善

　本書の資料編（211ページ）に行政が発行している資料を掲載しているので、関係する場合はチェックリストにより点検を行うこと。
　もし、1箇所でも該当し派遣労働者性が強い場合や労働者派遣事業の疑いがある場合は、
　① 請負の見直し・改善
　② 労働者派遣への切り替え
　③ 労働者として直接雇用
の方法を早急に検討する必要がある

21　対応について

（職業安定法施行規則第4条）
　労働者を提供しこれを他人の指揮命令を受けて労働に従事させる者（・・・労働者派遣事業を行う者を除く。）は、たとえその契約の形式が請負契約であっても、次の各号のすべてに該当する場合を除き、法第4条の規定による労働者供給の事業を行う者とする。
一　作業の完成について事業主としての財政上及び法律上のすべての責任を負うものであること。
二　作業に従事する労働者を、指揮監督するものであること。
三　作業に従事する労働者に対し、使用者として法律に規定されたすべての義務を負うものであること。
四　自ら提供する機械、設備、器材（業務上必要なる簡易な工具を除く。）若しくはその作業に必要な材料、資材を使用しまたは企画若しくは専門的な技術若しくは専門的な経験を必要とする作業を行うものであって、単に肉体的な労働力を提供するものでないこと。

1　請負の見直し・改善

（1）労働者派遣の対象業務であれば、必要により労働者派遣法に従った所定の手続きを行い、適正な雇用関係を行うことができるが、対象業務でない、建設業の「単なる肉体労働」、警備業等については、請負（業務委託）の根本から見直しを行う必要がある。

（2）製造業・情報処理産業・建設業等いずれの場合にあっても、請負（業務委託）で偽装請負と認定されるのは、発注者・元請から直接下請労働者に指揮命令がされていることにある。

　したがって、この指揮命令関係の見直しを行うことが最大の課題である。

①　発注者・元請から下請に対する指揮命令は、必ず下請の現場責任者等事業者の組織をとおし、その責任者から作業員に指揮命令を行うものであること。
②　下請責任者は、請負作業において専門的である工法上の監督者的技術、経験を持っている者であることが要求される。

③　単純な業務に多くみられるが、現場に責任者を置いているものの、その責任者は形式的で、発注者の指示を個々の労働者に伝えるだけであれば、発注者が指示をしているのと実態は同じものと考えられるので注意すること。＜形式だけ責任者型＞

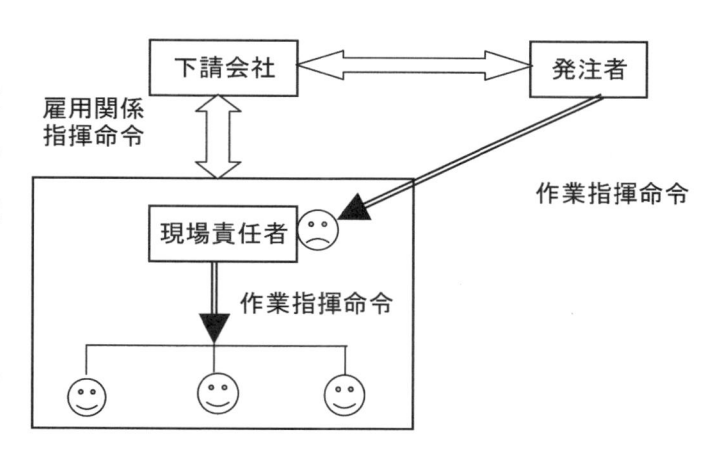

なお、「指揮監督」についての行政解釈（27・7・23 職発502の2）がある（49ページ参照）。

④　現場責任者であっても、一定の指揮監督権限を有する現場監督者的な例から、数名の労働者の単なるグループの同僚の中で、年齢が上である、作業経験が長いなどの理由で形式的に責任者と任命している例まで幅広くみられるが、責任者には、権限と責任、所定の資格を有する者を選任すること。

⑤　建設業法においては、元請は建設業の許可業者（建設業者）であることが必要である。下請は建設業者であるかを問われないが、「建設業を営む者」に限られる。したがって、現場責任者のいない、単なる労働者供給的業者も下請が可能となる。このような業者を使用するのであれば、元請の責任において、適正な主任技術者や安全責任者の配置等、責任体制を確立するよう指導する必要がある。

⑥　作業指示書や作業打ち合わせ等も見直しが必要となる。

本来作業指示や打合わせは、請負系列ごとに責任者から責任者へと行うべきである。しかし、作業現場の状況や作業内容、打合わせ時間の短縮等から、他の1次下請や2次・3次の下請を含めた並列的・重層的に合同で行うこともある。少人数の現場では、請負系列ごとに打ち合わせを行うより、合同で行うのが合理的である。

⑦　発注先・元請においても、下請労働者に対する直接指揮命令や労務管理等について、過度の支配を行わないよう関係者に対し指導すること。

⑧　下請労働者の不安全行動に対し、元請や上位請負事業場の者が注意することは、指揮命令に該当するのではないかとの質問がある。

　　労働安全衛生法29条は、関係請負人及びその労働者が関係法令に違反しないよう指導し、違反している事実を認めるときは、是正のための必要な指示を行うことを義務付けていることから、指揮命令には該当しない。

　　不安全行動に対し、労働者派遣法違反を懸念して注意しないのであれば遺憾である。

　　請負の見直しにおいて、安全管理体制の低下をもたらすものであってはならない。

⑨　請負料金の算定の見直しを行うこと。

　　時間当たりの単価によって報酬が支払われることを基本とする「常用契約」は、古くからの習慣であり、これも特殊な請負契約ないしはこれに類する契約の一種として考えられる面もある。

　　製造業・情報産業・倉庫業・建設業等においては、労務単価×人数×労働時間・日数で計算されているのが多い。

　　請負（業務委託）においては、「一式いくら」が基本であり、このような単価計算は、請負を否定する要素となる。しかし仕事の都度「常用契約」等による仕事の発注を受けているのが実体である。

　　「常用」は、場所的、時間的拘束性が見られ、時間管理がなされ、作業指示が元請から直接的・間接的に指示されるのが普通であることから、「あたかも自社の社員のごとく、下請け労働者を指揮命令する」ものと認定される可能性がある。しかし、「一式いくら」で計算されない仕事も多いことから、現実的には請負代金制度の改善が困難であり、今後の課題として検討する必要がある。詳細は、18「常用（常傭）」について（75ページ参照）

第3章 重層請負における元請の責任について

（3）対応

下請会社で施工管理・安全衛生管理・労務管理がなされているのであれば、請負を継続することも可能であるが、請負系列が下位になるにつれて管理体制が弱体化しており、また業種や業務内容によっては、請負に対応するためには、以上のように多くの困難がある。

2 労働者派遣への切り替え

（1）派遣状態である請負の見直し・改善は、実行段階ではなかなか難しい。

偽装請負と判断するポイントは、「指揮命令」関係の存在であり、この指揮命令の改善が困難であれば、派遣に移行するのが容易であり、行政指導もまたこれを指導している（ただし、建設業務への派遣は禁止）。

（2）派遣事業の許可または届出を行っている派遣事業場との派遣契約を締結する。

下請に対し、労働者派遣事業の許可または届出を指導している発注者もいる。

（3）派遣労働者を受け入れることから、派遣先としての責任が生ずる。

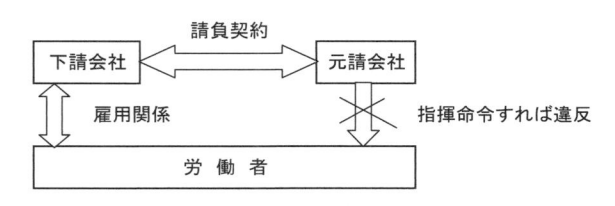

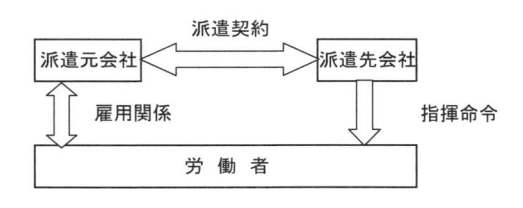

① 製造業務専門派遣先責任者の選任（派遣労働者数に応じて1人～2人以上）等

② 労働者派遣法40条の4、40条の5による、派遣労働者に対する雇用契約の申込み義務が発生する。

3 多重派遣の改善

（1）偽装請負を解消するため、下請との間とで派遣契約を締結するに際して、

下請がさらに再下請を使用している場合、あるいは派遣労働者を使用している場合は、注意を要する。

業務委託（倉庫においてアウトソーシング）をしていた1次下請労働者に直接指揮命令を行っていた発注者（食料品製造業）は、偽装請負を指摘されることを恐れ1次下請との請負契約を派遣契約に切り替えた。発注者は派遣労働者となった労働者を合法的に指揮命令が出来るようになった。

ところが、1次下請には派遣会社Aから派遣労働者が派遣されており、もし、この派遣労働者に対し発注者が指揮命令をすると、二重派遣となる。

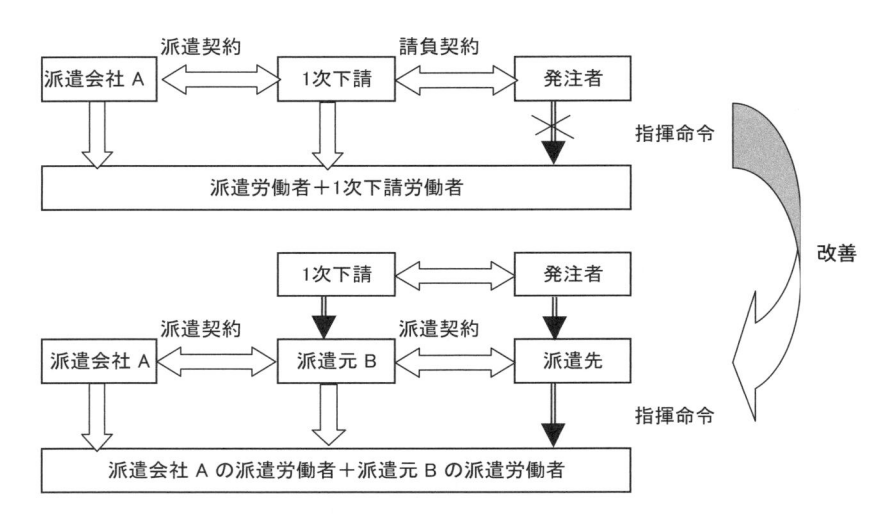

```
派遣会社A ←派遣契約→ 1次下請 ←請負契約→ 発注者
    ↓                    ↓              ×    指揮命令
    └──→ 派遣労働者＋1次下請労働者 ←─────┘
                                              ↑ 改善

              1次下請 ←────→ 発注者
                 ↓              ↓
派遣会社A ←派遣契約→ 派遣元B ←派遣契約→ 派遣先
    ↓                    ↓              ↓ 指揮命令
    └─→ 派遣会社Aの派遣労働者＋派遣元Bの派遣労働者
```

この状態を発注者が承知の上で切り替えを求めたのであれば、職業安定法違反（二重派遣は通常労働者派遣法違反ではなく、職業安定法違反と考えられる）としては共犯関係（幇助・教唆）が成立する可能性がある。

したがって、発注者は事実関係を十分に調査のうえ下請に対する適切な指導を行わなければならない。（発注者が違法状態になる事実を承知していたか否かは微妙であり、もし事があれば行政側の調査は、発注者に対し厳しいものになろう）。

この場合は、発注者と派遣会社Aが直接派遣契約を締結する方法がある。（次の（3）の図を参照）

（2）**次図**も、発注者（派遣先）の指揮命令が再下請労働者に及ぶときは、発注

者（派遣先）と再下請との間で、派遣関係（偽装請負）が発生することになるので、注意を要する。

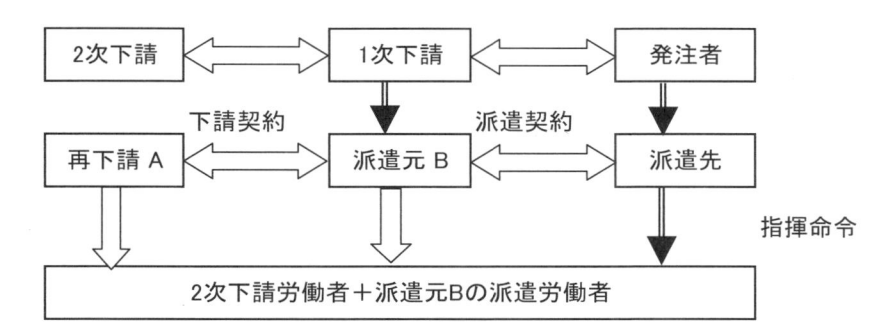

```
  2次下請  ⇔  1次下請  ⇔  発注者
                 ⇓ 派遣契約     ⇓
       下請契約
  再下請A  ⇔  派遣元B   ⇔  派遣先
      ↓         ↓            ↓ 指揮命令
  ┌─────────────────────────────────┐
  │ 2次下請労働者＋派遣元Bの派遣労働者 │
  └─────────────────────────────────┘
```

　業務委託していた１次下請Ｂが再下請Ａを使用していた場合。発注者が１次下請との間で派遣契約に切り替えても、１次下請と２次下請の関係が請負契約のままであると、派遣元Ｂ（１次下請）の派遣労働者に対しては、派遣先（発注者）が指揮命令できるが、再下請Ａの労働者に対しては指揮命令できない。事実上改善とならないことになる。（１）と同様にこの事実を知っていると発注者も労働者派遣法違反では共犯の可能性がある。

（3）多重派遣の解消には、派遣元と発注者（派遣先）とで個別に派遣契約を締結する等の方法がある。

（多重派遣の例）

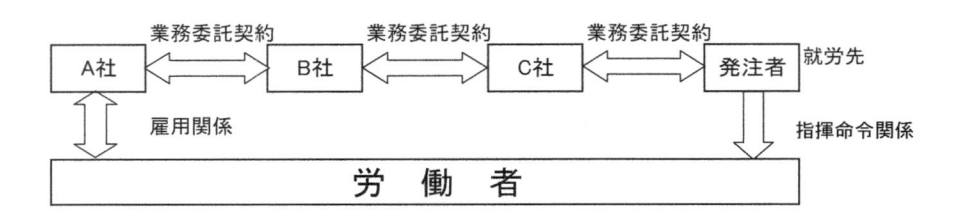

```
 業務委託契約      業務委託契約      業務委託契約
A社 ⇔ B社 ⇔ C社 ⇔ 発注者  就労先
 ↕                              ↓
雇用関係                    指揮命令関係
        労　働　者
```

（改善例）

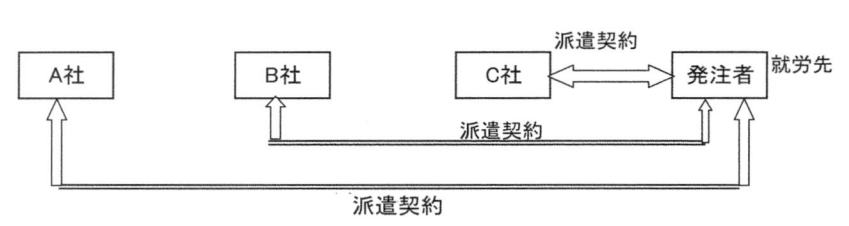

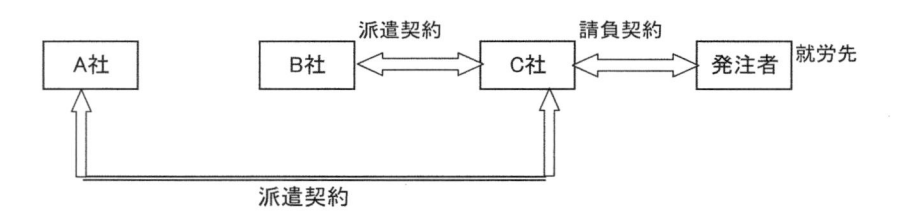

```
                           派遣契約
A社    B社    C社 ⇔ 発注者  就労先
            ↑      派遣契約   ↑
 ↑_____|
        派遣契約
```

```
       派遣契約    請負契約
A社    B社 ⇔ C社 ⇔ 発注者  就労先
 ↑            ↑
 |_____|
    派遣契約
```

第3章
重層請負における元請の責任について

検討課題

　労働者派遣法を適用してみると労働安全衛生法や労災保険法等他の法令との調整を要する点があるようにみえるので、その疑問点をいくつか紹介する。

1　例えば建設業の下請に対し、労働者派遣事業の派遣元と認定した場合、その下請に対しどのような是正をするのか。現実的に是正は可能か。

　現場に下請から送り出されている「雑作業」労働者は2～3人であり、元請の直接指揮命令、かつ「常用単価」で働くのが普通である。この単なる肉体労働者を送り出している事業場は、労働者派遣事業を禁止されているので、本来の請負形式に改める最低条件として、職長等責任者を同時に派遣させる必要がある。業界の実態を考えると現実的には是正は困難であろう。

2　情報処理産業の特殊性にみられるように、発注者との混在作業が必要不可欠な場合に対し、どのように対応すべきか。

3　労災保険法との調整

　偽装請負と行政が認定した場合に、それが建設業の単なる肉体労働者や警備業等で労働者派遣事業が禁止されている事業であると、労災保険加入や実際に被災労働者に対する労災保険の適用に関して、次のような問題が生ずる。

（1）労働者派遣法で禁止されている事業に、派遣元として労災保険を新規成立させるという問題

（2）請負を否定し派遣労働者として労働者派遣法を適用して、元請に事業者責任を認めながら、一方で請負を肯定し被災労働者に対しては元請の労災保険を使用するという問題。

　一方は災害防止・責任所在の明確化という立場で、他方は労働者の救済という立場で、実態に即してそれぞれ異なった法令を適用しているものである。

4　例えば元請社員が下請労働者を直接指揮し、労働者派遣法が適用され元請が派遣先として安全措置義務違反を問われた場合、（派遣）労働者と雇用関係がある

下請事業者は派遣元と認定され安全措置義務違反を問われない。

　元請や上位下請が下位の所属労働者に対して指揮命令を行っても、労働者派遣法を適用すると、本来労働者を雇用しており事業者責任があるはずの事業者責任は問わないことになる。

　しかし、これでは下請事業者が事業者としての措置義務と責任の意識を失い、または回避するという結果になり安全管理上疑問である。

　労働者派遣法施行前の場合でも同様の結論に至っていたが、この場合でも労働者に対する指揮監督権が元請・下請とで重複した場合に二説があり、①いずれか一方の権限が優先し、他方は権限を有しないとする見解では、元請が下請労働者に対して実質的な指揮命令関係を行っていた場合には、下請は名目的な監督的地位を持っているにすぎないので、「事業者」にならないとする説。②下請も「事業者」として労働者を指揮監督しているという実態がある以上、それぞれの立場から安全措置義務を負うべきであり、これが労働者保護の精神に沿うものであるという見解では、下請も「事業者」として安全措置義務を負うとする説、があった。

　②の説が妥当と考えられるが、労働者派遣法を適用しても、安易に派遣元である（下請の）事業者責任を不問にするのではなく、この議論をする価値はあると考える。これに関連して177ページのQ18を参照。

5　建設業が対象の新派遣制度の創設

　このような問題点を解決策として、平成17年施行の改正建設労働者雇用改善法がある。

　建設業でも限定付きで労働者派遣が可能となった。

　改正法で認められるのは、「建設業務労働者就業機会確保事業」であり、労働者派遣法との業務とは多少異なる点もある。

　本来認められない建設業務について、一定の条件下で派遣を認め、労災保険の適用上は請負とみなし、元請の労災保険を使用できるようにするものである。

　しかし、現在運用しているのは仙台等少数であり、まだ十分周知されていないようである。

現場往復時の交通災害（交通事故と労災保険）について

1　通勤災害と業務上災害
（1）通勤災害

　イ　通勤とは、労働者が、就業に関し、住居と就業の場所との間を、合理的な経路および方法により往復することをいい、業務の性質を有するものを除く。通勤災害とは、この通勤行為中に発生した災害をいう。

　ロ　「業務の性質を有するもの」には次のような事例があり、このような場合は「事業主の支配管理下」にあると考えられるので、通勤災害ではなく業務上災害となる。

　　①　事業主の提供する専用交通機関（会社所有のマイクロバス等）を利用する場合

　　②　出勤前または退社後に、事業主の業務命令により途中で用務を行う場合

　　③　突発的事故等による緊急用務のため休日または休暇中に出勤する場合

（2）業務上災害

　業務災害と認められるためには、仕事をしている状態、つまり事業主の支配下にあり（業務遂行性）、その支配下にあることに伴う危険が現実化したものと経験則上認められること（業務起因性）が必要である。

2　業務災害と通勤災害の違い

事　項	業　務　災　害	通　勤　災　害
1　使用者（雇用者）の補償責任 　　（休業3日分等）	あり	なし
2　重大過失による事業主からの費用徴収	あり	なし
3　メリット制適用（還付／追徴）	あり	なし
4　労基法上の取扱い　（1）解雇制限の適用 　　　　　　　　　　（災害による休業を理由として）	あり	なし
（2）年休の発生要件 　　　　　　　　　　（8割以上出勤したものと取り扱うか）	出勤したものとして取り扱われる	出勤したものとは取り扱われない
5　労働者死傷病報告書の提出義務	あり	なし

3　建設事業における元請・下請事業場の保険関係

建設事業の下請負人に雇用される労働者の通勤災害にかかる保険給付請求の場合の保険関係

（1）直接元請の工事現場に出勤する場合で、就労現場が明確な場合には、元請の保険関係で処理（法8条申請により下請を当該事業の事業主とした場合には、当該下請の保険関係による）。

（2）下請の事業場（事務所等）を経由して就労現場に赴く場合には、当該労働者の住居と下請の事業場との間における通勤災害については、次による。

　① 被災労働者の当日の就労現場が明確である場合には、上記（1）による。

　② 被災労働者の当日の就労現場が不明で、事務所に行って就労場所を指示される場合、下請独自の保険関係が成立している（保険を掛けている）場合には、下請の保険関係による。

　ただし、下請独自の保険関係が成立していない場合でも、特別に保険関係が成立する可能性があるので、手続きの上その保険関係による。

第3章
重層請負における元請の責任について

	労働者の自宅→現場	労働者の自宅 → 下請事務所		下請事務所→現場
		自宅を出るとき就労場所が		
		確定している	未確定	
労働者の車使用	通勤災害（元請保険）	通勤災害（元請保険）	通勤災害（下請保険）	業務上災害（元請保険）
会社の車使用	業務上災害（元請保険）			

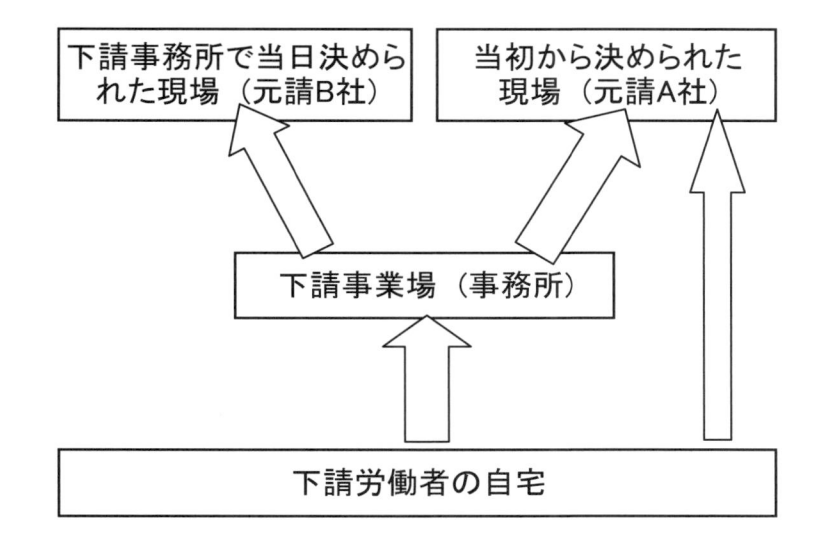

```
┌──────────────────┐   ┌──────────────────┐
│下請事務所で当日決めら│   │当初から決められた │
│れた現場（元請B社） │   │現場（元請A社）   │
└────────▲─────────┘   └────────▲─────────┘
         │                      │
         │    ┌──────────────┐  │
         └────│下請事業場(事務所)│  │
              └──────▲───────┘  │
                     │          │
              ┌──────────────────┐
              │   下請労働者の自宅   │
              └──────────────────┘
```

第4章

建設業法と労働安全衛生法・労働者派遣法等に関する相談事例 Q&A

次の相談事例集を参考とし、引用した。
○ 建設業相談事例集 Q&A
　平成 14 年 11 月　国土交通省関東地方整備局建政部建設産業課　　　　　（略記・関東整備局）
○ 建設業相談事例 Q&A
　平成 15 年 3 月　国土交通省中部地方整備局建政部建設産業課　　　　　（略記・中部整備局）
○ 建設業関係法規に関する相談事例集 Q&A
　平成 16 年 12 月　社団法人高知県建設業協会　　　　　　　　　（略記・高知県建設業協会）
○ 建設業者のための建設業法 Q&A
　平成 18 年 3 月　静岡県土木部建設業室・（社）静岡県建設産業団体連合会
　　　　　　　　　　　　　　　　　　　　　　　　　　　　　　　（略記・静岡県土木部）
○ 主任技術者、監理技術者及び現場代理人について
　平成 18 年 12 月 26 日　横浜市建築保全公社　　　　　　　　　（略記・横浜市建築保全公社）
○ 「建設業者のための建設業法」
　平成 19 年 3 月　国土交通省北陸地方整備局建政部計画・建設産業課　　（略記・北陸整備局）
○ 親会社及びその連結子会社の間の出向社員に係る主任技術者または監理技術者の直接的かつ恒常的な雇用関係の取扱い等について（Q＆A）
　平成 15 年 1 月　国土交通省総合政策局建設業課長　　　　　　　（略記・国総建第 335 号）
○ よりよい施工体制の確保を求めて
　平成 21 年 6 月　国土交通省北陸地方整備局
○ 建設業法 Q＆A
　平成 21 年度版　鳥取県土木部総務課

参考文献
「建設業法解説」建設業法研究会　大成出版社

> **Q1** 労務のみの常備工事は、単価契約である場合が多いが、請負契約工事になるでしょうか。（高知県建設業協会　相談事例集）

(回答　相談事例集)

　個人（労働者等）が事業者として契約する場合は、請負契約工事に該当します。この場合、請負工事にして、下請契約を結ばないと、労働者派遣法に違反し、労働局から、処分を受けるおそれがあります。労働者派遣法に「派遣した労働者を建設作業に従事させてはならない。」とあります。

（本書解説）

1　相談事例集回答では、労務提供者を個人（労働者等）として特定しているので、これに沿って個人（労働者等）について解説する。

　　個人（労働者等）が事業者として契約する場合は、請負契約工事に該当する。この事例に当てはまるのは個人事業主・一人親方等である。

　　この場合、請負工事にして下請契約を結ぶ必要がある。

2　設問は、常備作業員を他の建設会社から調達する場合のように考えられるが、これについては、Q2（関東整備局Q＆A）を参照。

3　しかし形式的に請負契約があっても、実態として相手先契約者から指揮命令を受け、使用従属関係が認められると労働者の可能性が強くなる（**図1-1**）。

　　下請契約を結ばないと、個々の労働者は労働者性がより強くなり、将来の争いになる可能性（賃金不払いや労災請求等）がある。

第4章
建設業法と労働安全衛生法・労働者派遣法等に関する相談事例 Q&A

図1-1

```
請負契約先
  ↑
  │ 請負契約      使用従属関係が強い
  ↓               と労働者性が強くなる
個人事業主（一人親方）
                  指揮命令は、通常注
                  文者が行う程度の指
                  示なら可
```

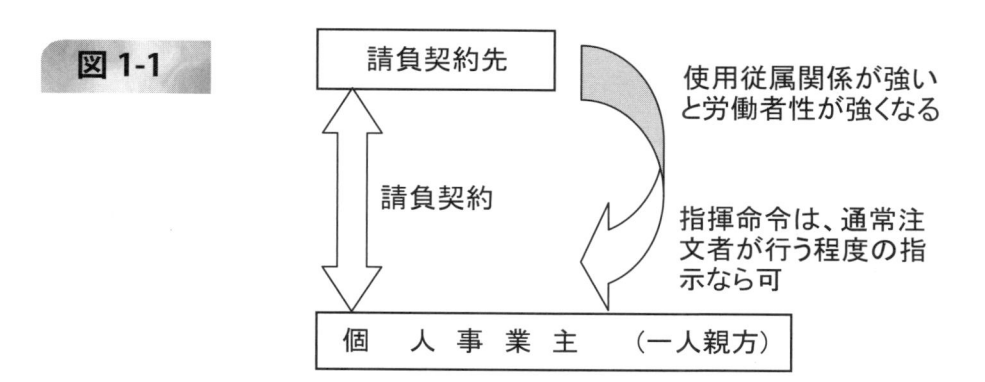

　これに関して平成19年6月25日に、個人経営の大工の労災請求事件に関して、最高裁判所は労働者性を否定する判決を出しているが、逆に実態をみて労働者性を認める判決や行政判断も多い（労働者性の判断基準は214ページ。なお、監督署が労災加入の一人親方を労働者性ありとした事例もある。66ページ参照）。

　しかし、下請契約を結ばないと、直ちに労働者派遣法に違反するものではない。個人事業主が第三者（元請）から指揮命令を受けると、労働者性や労働者派遣法違反の可能性がある（図1-2）（171ページ、Q12参照）。

図1-2

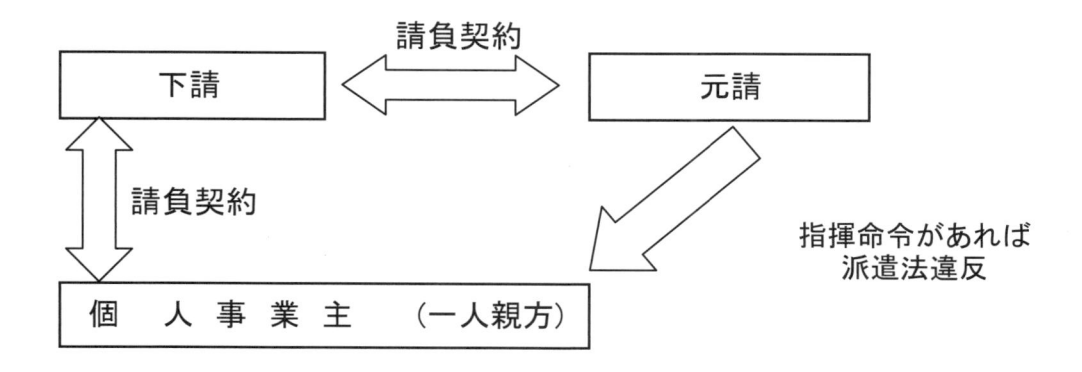

```
下請 ←─ 請負契約 ─→ 元請
 ↑                      │
 │ 請負契約             │ 指揮命令があれば
 ↓                      │ 派遣法違反
個人事業主（一人親方） ←┘
```

4　これを解決するには、①第三者(元請)から指揮命令を受けない。②第三者(元請)と直接雇用契約を締結する。③「下請・個人事業主」間で雇用契約を締結、

下請が労働者派遣事業者となり派遣労働者となる（**図1-3**）方法等がある（一人親方で建設業務を行う者は派遣禁止）。

図1-3

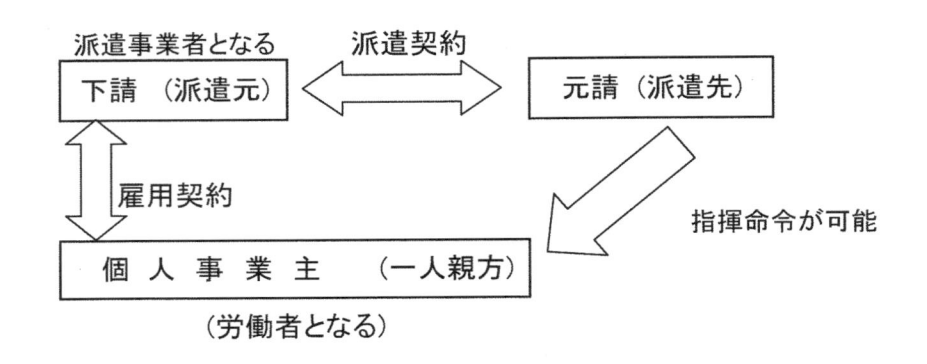

```
派遣事業者となる        派遣契約
 下請（派遣元） ←──────→ 元請（派遣先）
      ↑
      │雇用契約                    指揮命令が可能
      ↓                         ↙
 個 人 事 業 主  （一人親方）
     （労働者となる）
```

> **Q2** 作業員を常備作業員として他の建設会社から調達する場合、建設工事の請負契約に該当となるでしょうか。
>
> （関東整備局　Q＆A）

（回答　関東整備局）

建設工事の請負契約に該当すると考えられます。

なお、請負契約で行われない場合は、労働者派遣法違反に該当する可能性があります。

建設業法24条では、「委託その他何らの名義をもってするを問わず、報酬を得て建設工事の完成を目的として締結する契約は、建設工事の請負契約とみなして、この法律の規定を適用する」と規定されており、建設工事の請負契約となります。

（本書解説）

「作業員を常備作業員として他の建設会社から調達する」のが、

第4章 建設業法と労働安全衛生法・労働者派遣法等に関する相談事例 Q&A

1 図のB会社と雇用関係のある作業員を、A社の施工現場でA社の指揮命令の下に就労させる形態であれば、労働者派遣法違反である（図2-1）。労働者派遣法では、派遣した労働者を建設作業（肉体労働等）に従事させてはならない。
2 B会社と雇用関係のある作業員を、A社の施工現場でB社の指揮命令の下に就労させる形態であれば、請負形態である（図2-2）。
3 回答は、「請負契約で行われない場合は、労働者派遣法違反に該当する可能性がある。」としているが、形式的な請負契約があっても、実態としてB社の責任者が現場に配置されず、指揮命令がA社から行われていると、やはり偽装請負になる可能性がある。

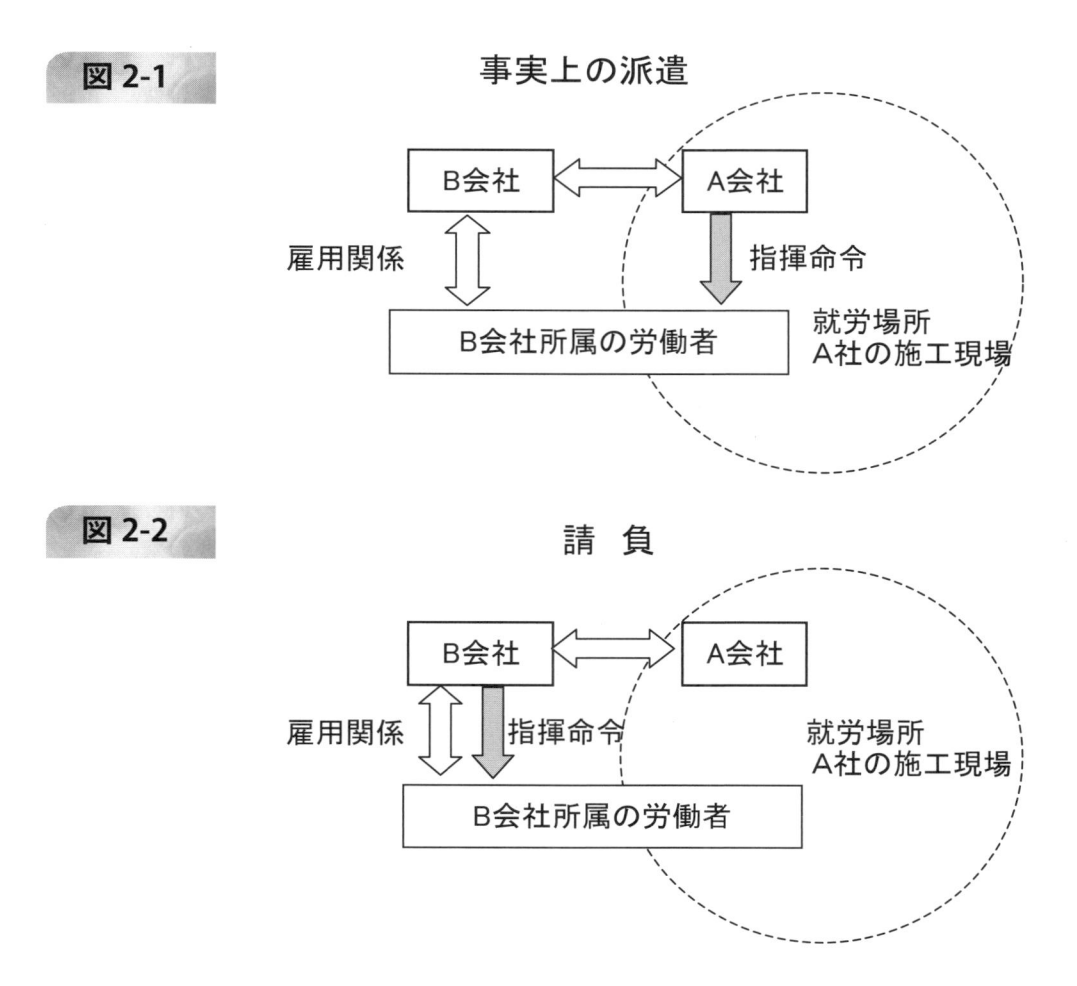

図 2-1　　事実上の派遣

図 2-2　　請　負

> **Q3** 元請負人が請け負った一式工事のうち、その一部を元請負人の管理の下に材料を支給し、同業者等から労務者を受け入れて施工する場合は、下請契約を締結しないといけないですか。または雇用として賃金による処理としてよろしいですか。
>
> （中部整備局Q＆A）

（回答　中部整備局）

　元請負人が、他の建設業者からその雇用労務者を受け入れ工事を施工する場合、当該労務者と雇用関係を結んでいるときは、労働者供給事業として職業安定法44条に抵触するおそれがあります。

　また、他の建設業者から労務者の派遣を受け入れ工事を施工する場合は、派遣労働者を建設業務に従事させてはならないと規定する労働者派遣法4条に違反するおそれがあります。

　なお、元請負人が他の建設業者を介さず、その労務者を直接雇用し指揮命令して建設工事を施工することは可能であると考えられますが、当該他の建設業者が職員（労務者）に他の企業との兼業を認めるか等課題は多いと思われます。そのため、他社の雇用労働者をして工事を完成するには、原則、その労務者を雇用する建設業者と請負契約を締結することになると考えます。

　請負契約の締結にあたっては、契約内容を書面化して相互に交付し、建設業者である下請業者は、主任技術者を現場に配置して、当該主任技術者の下で請け負った工事の施工に当たらなければなりません。

（本書解説）

　1　労働者派遣とは、「自己の雇用する労働者を、当該雇用関係の下に、かつ、他人の指揮命令を受けて、当該他人のために労働に従事させること。」（労働者

第4章
建設業法と労働安全衛生法・労働者派遣法等に関する相談事例 Q&A

派遣法第2条第1号）これを図で示すと**図3-1**となる。

2 労働者供給には、次の2つの形態があり、派遣事業と異なり、全面的に禁止されている。

（1）雇用関係はないが支配従属関係にある自己の労働者を、他人と雇用関係を結ばせるか、他人の指揮命令関係を受けて労働に従事させる形態（**図3-2**）

（2）雇用関係にある自己の労働者を、他人に雇用させることを約して行われる形態（**図3-3**）

3 下請A社が、同業者B社から、B社が雇用する労働者を調達し使用する場合、2つの形態が考えられる。設問を図で示すと、次のようになる。

（1）A社が当該労働者と雇用契約を締結する場合は、**図3-4**のようになり、**図3-2**と比較すると同一形態で労働者供給に該当することがわかる。労働者供給事業は、禁止され職業安定法違反である。

この場合、派遣元であるB社と派遣先であるA社の双方が処罰対象となる。

職業安定法第44違反

図3-1

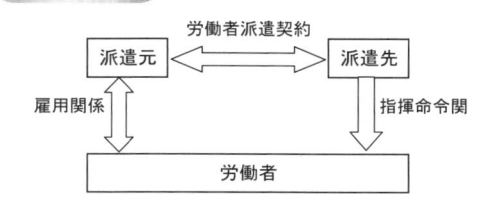

派遣元 ⇔ 労働者派遣契約 ⇔ 派遣先
雇用関係 ↕　　　　　　　↕ 指揮命令関
労働者

図3-2

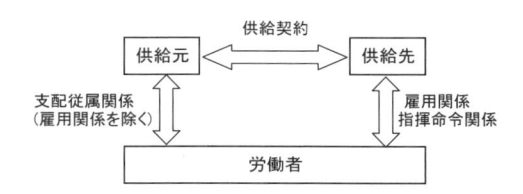

供給元 ⇔ 供給契約 ⇔ 供給先
支配従属関係（雇用関係を除く）↕　　　↕ 雇用関係・指揮命令関係
労働者

図3-3

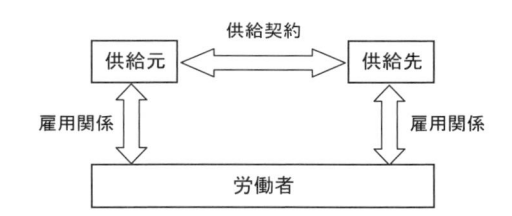

供給元 ⇔ 供給契約 ⇔ 供給先
雇用関係 ↕　　　　　↕ 雇用関係
労働者

図3-4

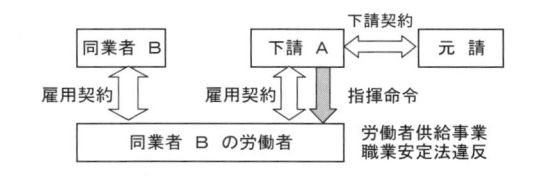

同業者B　　下請A ⇔ 下請契約 ⇔ 元請
雇用契約 ↕　雇用契約 ↕　指揮命令
同業者Bの労働者
労働者供給事業 職業安定法違反

図3-5

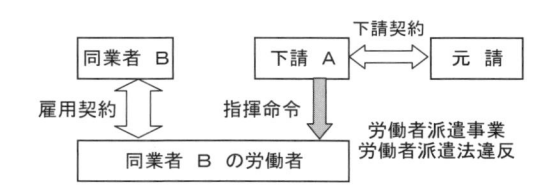

同業者B　　下請A ⇔ 下請契約 ⇔ 元請
雇用契約 ↕　　　　　指揮命令
同業者Bの労働者
労働者派遣事業 労働者派遣法違反

➡　1年以下の懲役または100万円以下の罰金

（2）他の建設業者から労務者の派遣を受け入れ、A社の指揮命令の下に工事を施工する場合は、同業者Bとの雇用関係が継続された状態なので図3-5となり、労働者派遣の形態（図3-1）に該当する。

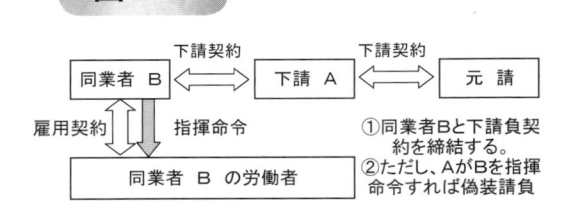

図 3-6

```
同業者 B  ⇔下請契約⇔  下請 A  ⇔下請契約⇔  元 請
  ↕雇用契約 ↓指揮命令
同業者 B の労働者
```
①同業者Bと下請負契約を締結する。
②ただし、AがBを指揮命令すれば偽装請負

労働者派遣業者でないものが特定派遣事業を行った行為（法16条1項）、

　　　➡　6カ月以下の懲役または30万円以下の罰金

禁止業務の建設業務（肉体労働従事者）への派遣行為（法4条1項2号）

　　　➡　1年以下の懲役または100万円以下の罰金

の2つの行為が労働者派遣法違反である。

この場合、重い方の罰則のみが適用され、派遣元であるB社が処罰対象となり、派遣先であるA社が処罰対象外となる。

4　このような場合、正当にB社の労働者を当該現場で就労させるためには、A社と同業者B社とが図3-6のように請負契約（下請契約）を締結するしかない。しかし、A社の者が当該労働者を指揮命令して作業させた場合は、労働者派遣法違反である。

5　建設業者であるA社とB社は、主任技術者を現場に配置して、当該主任技術者の下で請け負った工事の施工に当たらなければならない。

　B社が例え請負金が500万円未満であっても、許可業者であれば主任技術者の配置が必要である。B社の請負金が500万円未満でかつ、建設業許可がなければ、主任技術者の配置は必要ない。ただし、偽装請負が発生する可能性があるので責任者等の配置は必要（建設業許可のないB社が500万円以上を請け負うと、建設業法違反となる）。

第4章 建設業法と労働安全衛生法・労働者派遣法等に関する相談事例 Q&A

Q4

直営施工について（会社組織でない労務班を直接指揮命令して施工する場合）

当社は、土工事を系列会社に施工させております。

重機械は、当社所有で、工程・オペレータの配置等にも関与しております。また、会社組織でない4～6人程度の労務班に、型枠・鉄筋・コンクリート・土工等の施工をさせましたが、当社職員が、安全・品質出来形・工程・施工方法等について直接、指揮して施工しているため、施工体制台帳及び施工体系図には、下請と記載しておりません。

このようなケースの場合直営施工と考えてよろしいですか。

（中部整備局　Q&A）

（回答　中部整備局）

ご質問のケースについては、直営施工に当たらないと考えます。「直営施工」の定義については、雇用労働者を直接指揮して施工する場合と考えています。

注文者が自社以外の労務者を直接指揮命令して建設工事を施工する場合、「自らの裁量と責任において自己の雇用する労働者をもって仕事を完成させるもの」にはあたらないことから、「請負」とは考えられず、労働者派遣、労働者供給等の問題が生じるおそれがあります。

なお、本事例の場合、労働災害等が発生したときにおける責任の所在が不明確となるとともに、災害補償が不十分なものになるおそれもあると思われます。

（本書解説）

中部整備局のＱ＆Ａによると、

「直営施工とは、自ら雇用する労働者を以って建設工事を施工する場合」であ

るが、他の相談事例の質問のなかには次のようなものがある。
① 協力会社等の労務者を直接指揮命令して施工する場合
② 会社組織でない労務班を直接指揮命令して施工する場合
③ 直接雇用していない労働者でも、直接に指揮して施工する場合
④ 親会社の元請が、子会社の下請に元請の所有する機械・材料等を有償貸与・支給の場合

中部整備局の回答では、いずれも直営施工ではないとしている。
Q3の本書解説を参照

> **Q5** 社内の業務改善の過程で分社した子会社に、重機土工を下請けさせる場合
> 元請の所有している重機類を有償貸与、材料は有償支給しているようなケースは、直営施工とみなして差し支えないのではないですか。　　　　　　　　　　（中部整備局　Q&A）

（回答　中部整備局）

子会社に自社の所有する重機類を貸与し、材料を支給して作業を行わせるケースであっても、建設工事の完成を目的とするものであれば「請負」であり、「直営施工」には当たりません。

（本書解説）
　直営施工とは、自ら雇用する労働者を以って建設工事を施工する場合である。図5-1のように、子会社とはいえ独立した事業所であるので、直営施工には

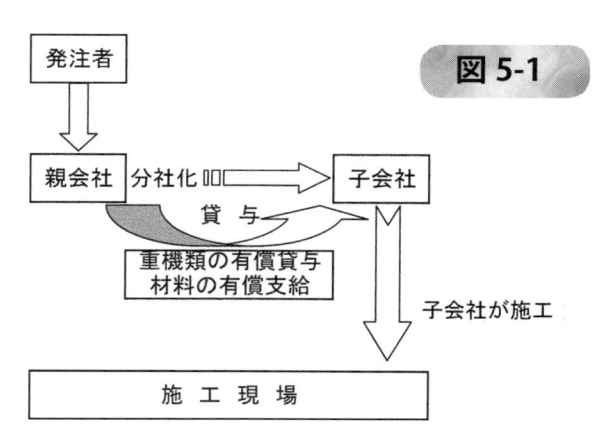

図 5-1

該当しない。

親会社と子会社の関係は、「請負」である。

> **Q6** 発注者から、据付工事込みの＊＊＊設備設計・製作という件名で売買契約扱いで注文が出る予定です。これは建設業法でいう「請負契約」に該当しますか。　　　　（関東整備局　Q＆A）

（回答　関東整備局）

据付工事込の売買契約は、請負契約に該当すると考えられます。

建設業法24条では、「委託その他何らの名義をもってするを問わず、報酬を得て建設工事の完成を目的として締結する契約は、建設工事の請負契約とみなして、この法律の規定を適用する」と規定されています。ご質問の場合は、発注者は当該物品を工作物等に取り付けることを前提として契約をしており、また、当該物品は工作物等に取り付けして初めてその機能を発揮することから当該物品は、建設工事の材料に該当すると考えられます。（図6-1）

図6-1

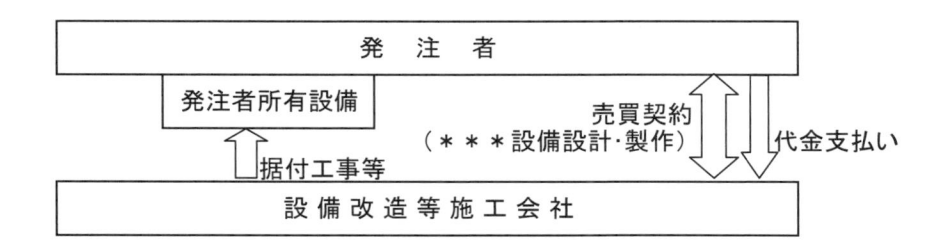

```
                    発 注 者
        ┌─────────────────────────┐
        │ 発注者所有設備 │  売買契約         │
        │          ↑   │ (＊＊＊設備設計・製作) │ 代金支払い
        │   据付工事等  │                   │
        └─────────────────────────┘
              設 備 改 造 等 施 工 会 社
```

（本書解説）

図6-2のように、発注者（公共団体）所有の設備に関して、発注者と設備のリース契約を締結しているリース会社から、据付工事込みの＊＊＊設備設計・製作と

いう件名で売買契約扱いで注文が出ている場合もあるが、同様の理由で請負契約に該当すると考える。

図 6-2

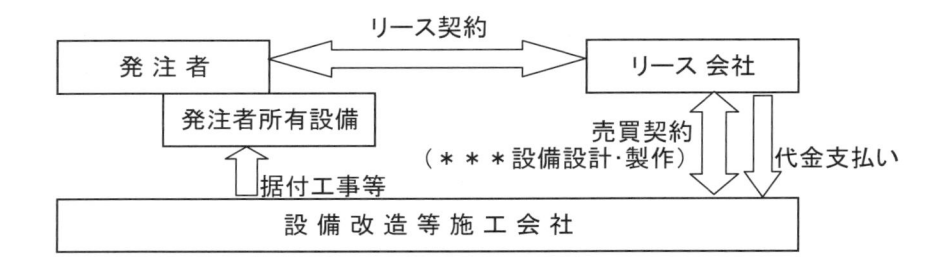

```
                    リース契約
      発 注 者  ←――――――――→  リース 会 社
         ┌発注者所有設備┐
         │            │        売買契約         ↑↓
         │            │   (＊＊＊設備設計・製作)    代金支払い
         ↑据付工事等
      設 備 改 造 等 施 工 会 社
```

Q7 1次下請負人が元請負人の子会社の場合、主任技術者は元請負人の出向社員でもよろしいですか。
1次下請負人に転籍出向していれば問題ないのでしょうか。
（中部整備局 Q&A）

（回答　中部整備局）

親会社からの在籍出向者は、子会社の主任技術者としては認められません。主任技術者となるためには、当該企業と直接的かつ恒常的な雇用関係を有していることが必要ですが、出向者ではこの要件を満たさないためです。なお、転籍出向の場合は、出向者が主任技術者となることに問題はありません。

※「転籍出向」とは、親会社を完全に退職し、子会社と新たな雇用関係を締結した状態を指します。

第4章
建設業法と労働安全衛生法・労働者派遣法等に関する相談事例 Q&A

（参考）

　平成15年1月22日より、一定の条件のもとに、親会社とその連結子会社間の出向社員については出向先の主任技術者等になることが認められることになりました。本扱いを受けるためには、国土交通省総合政策局建設業課長に対し確認申請が必要です。

（本書解説）

　主任技術者及び監理技術者は、当該企業と直接的かつ恒常的な雇用関係を有していることが必要である。出向社員や派遣労働者は、この要件を満たしていないので主任技術者及び監理技術者にはなれない。

　現場代理人については、建設業法上特にこの要件はないので出向社員や派遣労働者でも配置可能であるが、当該企業と直接的かつ恒常的な雇用関係を求めている発注者（鳥取県等）もあるので確認を要する。

Q8 親会社及びその子会社の間の在籍出向社員に係わる主任技術者または監理技術者の雇用関係の取扱いのポイントについて教えてください。　　　　　　（国総建第335号　Q&A）

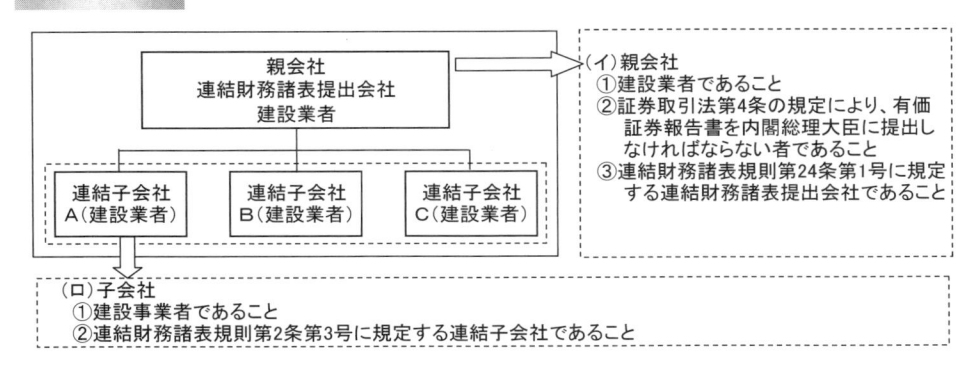

図8

```
        親会社
    連結財務諸表提出会社
        建設業者
    ┌──────┼──────┐
  連結子会社  連結子会社  連結子会社
  A(建設業者) B(建設業者) C(建設業者)
```

(イ)親会社
①建設業者であること
②証券取引法第4条の規定により、有価証券報告書を内閣総理大臣に提出しなければならない者であること
③連結財務諸表規則第24条第1号に規定する連結財務諸表提出会社であること

(ロ)子会社
①建設事業者であること
②連結財務諸表規則第2条第3号に規定する連結子会社であること

（回答　国総建第335号Q＆A）

　下記の要件に適合する企業集団において、親会社からその連結子会社への出向社員または連結会社からその親会社への出向社員が、当該出向先の会社が請負った建設工事の主任技術者または監理技術者となることを認めるものです。

　なお、この取扱いを受けようとする企業集団は、当分の間下記要件に適合することについて国土交通省総合政策局建設業課長による確認を受けなければなりません。

　企業集団の要件は、次のとおりです。

［企業集団の要件］
（１）一の親会社とその連結子会社からなる企業集団であること
（２）親会社が図8（イ）のいずれにも該当すること
（３）連結子会社が（ロ）のいずれにも該当すること
（４）（ロ）の要件を満たす連結子会社が全て企業集団に含まれていること
（５）親会社またはその連結子会社（その連結子会社が２以上ある場合には、そのすべて）のいずれか一方が経営事項審査を受けていないこと

（本書解説）

　主任技術者及び監理技術者については、国土交通省は移籍出向社員は認めるが在籍出向社員の配置を認めていない。上記「親会社及び連結会社の間の出向社員に係る主任技術者または監理技術者の直接的かつ恒常的な雇用関係の取扱いについて」（国総建第335号　平成15年1月22日）によるＱ＆Ａによると、一定の条件で認めている。

　しかし、上記5の「経営事項審査を受けていないこと」とは、経営事項審査を受けないと公共工事の受注資格がないので、この制度の適用を受けると現実的には親会社もしくは連結子会社が公共工事をできないことを意味する。

　現実的には要件が厳しく、また行政の確認を事前に受ける必要があることから、

これを適用している企業はないとみられる。

　中小の建設業にあっては、特に条件が厳しく、この制度は事実上利用できないものである。

　したがって、在籍出向者は事実上、主任技術者または監理技術者として配置することは認められていないといえる。

Q9 連結子会社は同じ企業集団に属する他の連結子会社からの出向社員を主任技術者または監理技術者として工事現場に置くことはできないのですか。　　　　　（国総建第335号Q＆A）

（回答　国総建第335号Q＆A）

できない。

　連結子会社が主任技術者または監理技術者として工事現場に置くことができるのは親会社からの出向社員であり、同じ企業集団に属する他の連結子会社からの出向社員を主任技術者または監理技術者として置くことはできません。

　「親会社及び連結会社の間の出向社員に係る主任技術者または監理技術者の直接的かつ恒常的な雇用関係の取扱いについて」（国総建第335号　平成15年1月22日）によるQ＆Aから。

> **Q10** 複数の建設会社が共同して建設事業を行う場合であって、共同企業体方式（甲型共同企業体：JV）で請負形式をとる場合に、JVの代表会社の責任者（所長）が他の構成会社の社員に指揮命令することは偽装請負になるか。

図10

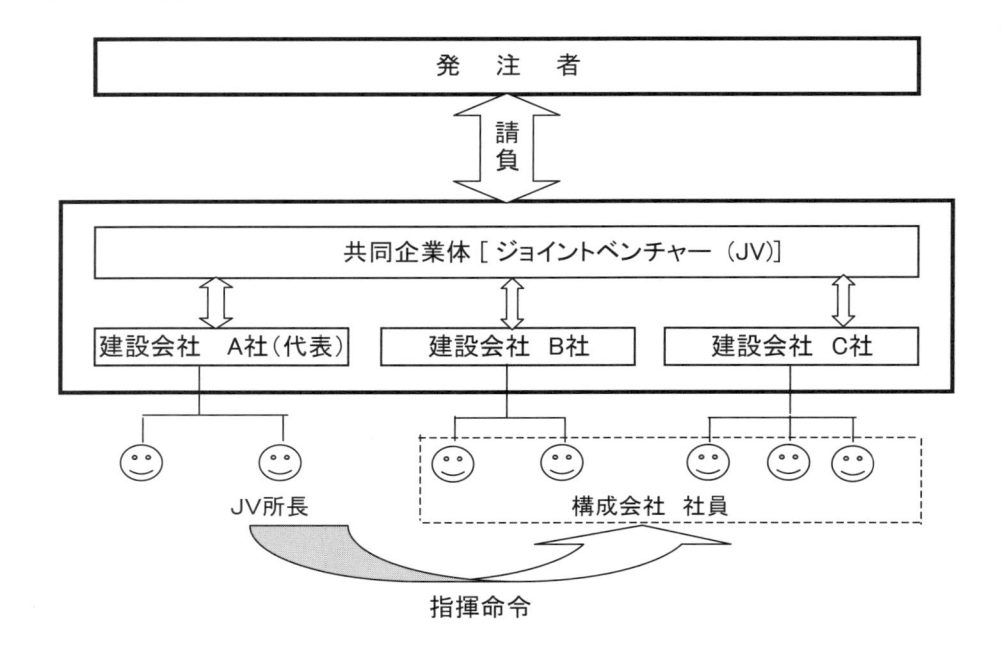

```
                    発 注 者
                      ↕
                      請負
                      ↕
           共同企業体 [ ジョイントベンチャー（JV）]
           ↕              ↕              ↕
    建設会社 A社（代表）   建設会社 B社    建設会社 C社
         |   |            |   |         |   |   |
       JV所長          構成会社 社員
                ←――― 指揮命令 ―――
```

（本書解説）

偽装請負にはならない。

1　JVと労働者派遣法との関係については、労働者派遣事業関係業務取扱要領（厚生労働省）に規定されている。
　この取扱要領を、労働安全衛生法5条に定める建設JVに適用し検討する。

2　JVが民法上の組合（民法第667条）とみられているので、JV構成員である建

設会社B社、C社の社員を同じJV構成員である建設会社A社の社員甲（JV代表＝JV所長）が指揮命令しても、それは通常「自己のために」（つまりJVのために）労働に従事させるものであり、「労働者派遣」には該当しない。労働者派遣は当該「他人のため」に労働に従事させることにあるが、A社の社員甲が指揮命令しても、A社のためではなく、JV全体のために行うものである。

3　取扱要領によれば、「業務の遂行に当たり、各構成員の労働者間において行われる次に掲げる指示その他の管理（・・・省略）が常に特定の構成員の労働者等から特定の構成員の労働者に対し一方的に行われるものではなく、各構成員の労働者が、各構成員間において対等の資格に基づき共同で業務を遂行している実態にあること。」とあり、A社の甲が特定の構成員の社員に対し一方的に指揮命令が行われるものでないことが要件である。

Q11　共同企業体構成員による下請受注について
例えば下水管工事を2社JVで施工を担当する場合に、共同企業体構成員の1社が施工機械・作業員を自社で保有しているとき、工事の一部分をJVより直接1次下請として施工するケースは認められるでしょうか。　　　（中部整備局　Q＆A）

（回答　中部整備局）

　共同企業体の構成員が共同企業体から工事を下請けすることは、共同企業体それ自体が法人格を有しない団体であるため、共同企業体として行った法律行為が、原則として構成員に帰属することから、共同企業体における下請契約は個々の構成員と下請け業者との契約であると解されます。
　したがって、共同企業体とその構成員との下請契約は、同一企業が同一契約において、双方の当事者となることも考えられることから、建設業法が規定する「下請

契約」としては認めがたいですが、契約の適法性については単に構成員が共同企業体と契約を締結したことをもって判断することはできず、直ちに建設業法違反となるものではありません。

しかし、このような契約は、出資比率に比し、一般構成員が施工の多くを手がけることとなるため、実態上はJV制度の趣旨に反し、または、一括下請負に該当するなど建設業法違反となるおそれが強く、他の構成員が実質的に関与を担保する手段がないため、適当ではありません。（以下省略）

（本書解説）
1　A社（設備工事）とB社（土木・建築工事）の施工工事を下請負した、図11の事例の場合では、JV構成員としてのA社の主任技術者・監理技術者と下請としてのA社の主任技術者が、建設業法では兼務できないと考える。回答は、「契約の適法性については単に構成員が共同企業体と契約を締結したことを以って判断することはできず、直ちに建設業法違反となるものではありません。」とあるが、これはA社の主任技術者・監理技術者と下請としてのA社の主任技術者が、別個に配置された場合と理解したい。
2　JVと構成会社とは、正式な請負契約が締結できないので、もし契約書があったとしてもそれはあくまでも内部の覚書のようなものであり、労働安全衛生法にまで影響されないと考える。

したがって、労働災害があった場合における労働安全衛生法上の事業者責任は、共同企業体代表者届がある場合はJVの代表者が負い、届出がない場合は各構成員が負うことになる。
3　なお、下請契約については、「甲型共同企業体の下請契約は、構成員全体の責任において締結するものである」、「乙型共同企業体の下請契約は、構成員各自が締結するものである」という行政解釈がある（昭和53年3月20日付け建設省計振発第11号「共同企業体の事務取扱いについて」）。

第4章
建設業法と労働安全衛生法・労働者派遣法等に関する相談事例 Q&A

図11

```
発注者
  ↕
  JV
A社 | B社      JVとの間で請負契約
 ↓     ↓
A社    B社
設備工事を  土木・建築
請負     工事を請負
```

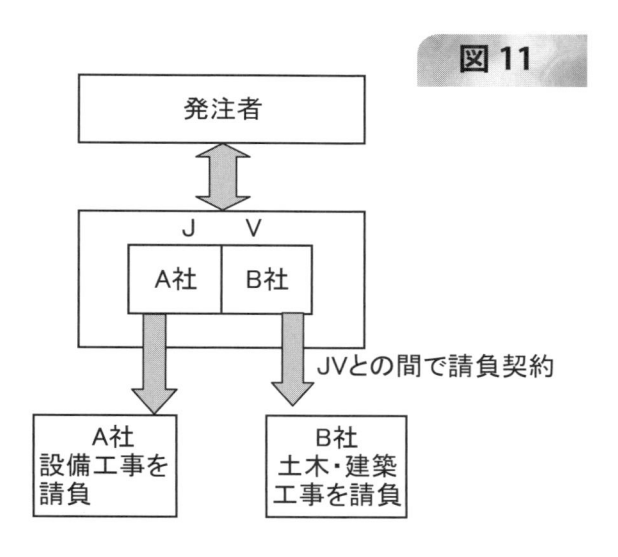

Q12 JV（建設共同企業体）を3社（A社が代表・B社・C社）で構成していますが、JVに当社（C社）から派遣する社員2名のうち1名を、当社と契約した派遣会社の社員（派遣可能な技術者）を充てたいのですが、二重派遣になりませんか。

（読者からの質問）

図12-1

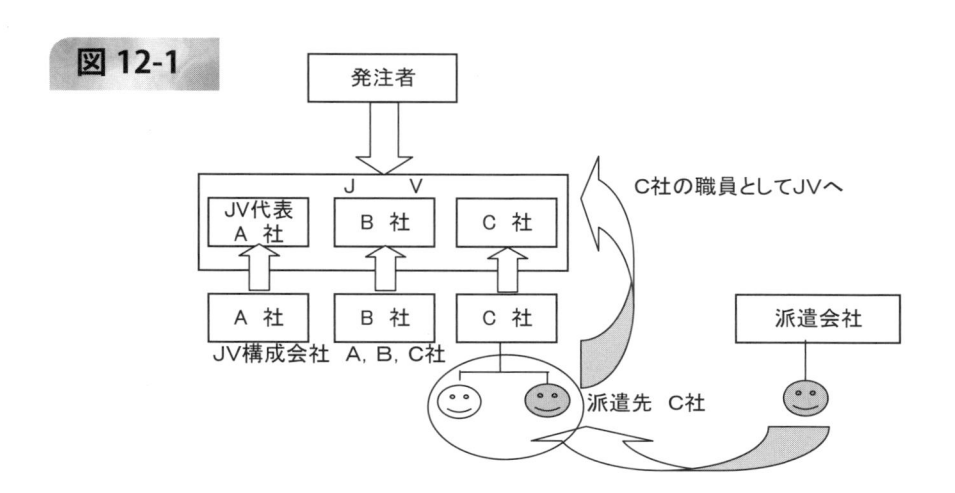

```
        発注者
          ↓
         JV
JV代表 | B社 | C社        C社の職員としてJVへ
 A社
  ↑     ↑    ↑
 A社   B社   C社                 派遣会社
JV構成会社 A,B,C社
                派遣先 C社
```

113

(本書解説)

　二重派遣にはならない。ただし、労働者派遣法は建設作業員として派遣することを禁止しているが、肉体労働でない技術的管理者や事務職員ならよい。しかし、建設業法では主任技術者・監理技術者には配置できない。

1　建設業で行われているJVについては、民法上の組合とも考えられるが、指揮命令系統が複雑で、労働災害防止上の措置義務者としての事業者は誰か不明確であったため、労働安全衛生法第5条を設け、新たな規制を加えたものである。

2　JVに派遣される各構成会社の職員の身分については、①出向、②配置転換、③出張、④労働者派遣等いろいろな説があるが、厚生労働省「労働者派遣事業関係取扱要領」（119ページ参照）によれば、「構成員が自己の雇用する労働者をJV参加の他社の労働者等の指揮命令の下に従事させたとしても、通常、それは自己のために行われるものとなり、当該法律関係は、構成員の雇用する労働者を他人の指揮命令を受けて、「自己のために」労働に従事させるものであり、法第2条第1号の「労働者派遣」には該当しない。」として労働者派遣説を原則的に否定している。

　同時に、労働者派遣に該当することを免れるための偽装の手段に利用されるおそれがあるので、その法的評価を厳格に行う必要があるとし、労働者派遣に該当しないための要件を列挙している。

3　JVに派遣される各構成会社の職員の身分については、取扱要領では原則的に派遣ではないとしているが、特に出向や出張等であるとは規定していない。

　この取扱要領を建設共同企業体に適用し、全ての事項の根拠とできるかについては、なお検討の余地はあるが、取扱要領　イ、JVの請負契約の形式による業務の処理、（ロ）、g、①、②、③をみると、出向を否定しているようにみえる。

図 12-2

甲型 JV の場合

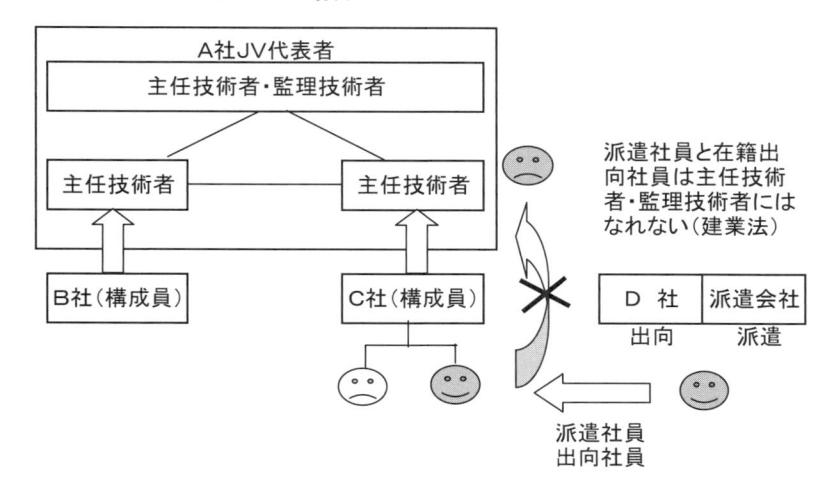

```
           A社JV代表者
          主任技術者・監理技術者
           /           \
      主任技術者 ―― 主任技術者          派遣社員と在籍出
          ↑            ↑              向社員は主任技術
                                       者・監理技術者には
      B社（構成員）   C社（構成員）      なれない（建業法）

                              ×        D 社 ｜ 派遣会社
                                        出向  ｜  派遣
                              ⇐
                           派遣社員
                           出向社員
```

4　JV に派遣される各構成会社の職員の身分を、①出向、②労働者派遣、③配置転換、④出張等の説に応じて設問に対応すると、次のようになる。

（1）出向説

　①　「JV の職員は、各構成企業からの出向者で構成され、原則的には JV が労働時間や休日等の労務管理に関する指揮監督を行う」という説がこれまで有力であった。

　②　各構成企業からの職員の出向とする説は、出向先（JV）との間でも何らかの雇用関係が発生することになる。しかし、取扱要領では、「JV は法人格を取得するものではないので、JV 自身が構成員の労働者を雇用するという評価はできない」としている。

　③　出向説に従うと、構成会社に派遣された派遣労働者を JV に「出向」させると、「派遣→出向」となり労働者派遣法違反となる（164 ページ参照）。出向説では JV は、実質上派遣労働者を活用できないことになるが、JV だけが派遣労働者を活用できない理由もないので出向説は妥当ではない。

（2）労働者派遣説

　取扱要領では、原則的には労働者派遣ではないと規定している。

（3）出張説・配置転換説
　　① JV工事現場は、単なる自社の出先工事現場や独立した事業場と考え、JV工事現場での就労は社内的には出張や配置転換であり、JV所長からの指示命令はJV協定の契約に基づくものであるとする。
　　② 出張説・配置転換説では、出向でも派遣でも特に問題がないことになる。
5　取扱要領からは、出向説や派遣説は否定的にみられるが、出張説や配置転換説は、特に支障が認められない。
6　JVにおける代表者のみなし責任は、労働安全衛生法の「事業者責任」に限定適用される特別規定であり、労働基準法等他の法律には適用されないものである。
　　出張説・配置転換説も、JV自体の労働基準法上の使用者責任を否定するものである。
　　いずれにしても、36協定の締結及び届出等は、JVの代表会社ではなく、各構成会社であることになる。
7　建設業法上は、全ての構成員が主任技術者（JVで下請代金の総額が3,000万円を超える場合、代表構成員は監理技術者）を配置し、当該工事に専任する必要がある（図12-2）が、派遣社員及び在籍出向社員を配置することはできない。

Q13 JVで一般事務の臨時職員を1名雇用し、技術管理を任せる派遣社員を1名入れたいのですが、JVで契約してよいですか。

（本書解説）

　一般事務の臨時職員は、JV代表会社で雇用契約し、技術管理（主任技術者・監理技術者は不可）や事務の派遣社員はJV代表会社またはJV自体で派遣会社

第4章
建設業法と労働安全衛生法・労働者派遣法等に関する相談事例 Q&A

と派遣契約する。

「JV は、数社が共同して業務を処理するために結成された民法上の組合（民法第 667 条）の一種であり、JV 自身が JV 参加の各社（以下「構成員」という。）の労働者を雇用するという評価はできない」（厚生労働省「労働者派遣事業関係取扱要領」）という行政解釈がある。

JV は法人ではないので、JV を事業主として雇用契約を締結できない。

JV 全体で使用する臨時職員の場合は、JV の代表会社が雇用契約を締結する例が多い。派遣社員については、雇用契約ではないので、JV 代表会社または JV 自体で派遣会社と派遣契約する。

一般的に JV が契約する場合は、JV 代表者の会社名を記名押印した上に、JV の代表者である旨の表示がなされる。

なお、下請契約については、「甲型共同企業体の下請契約は、構成員全体の責任において締結するものである」、「乙型共同企業体の下請契約は、構成員各自が締結するものである」という行政解釈がある（昭和 53 年 3 月 20 日付け建設省計振発第 11 号「共同企業体の事務取扱いについて」）。

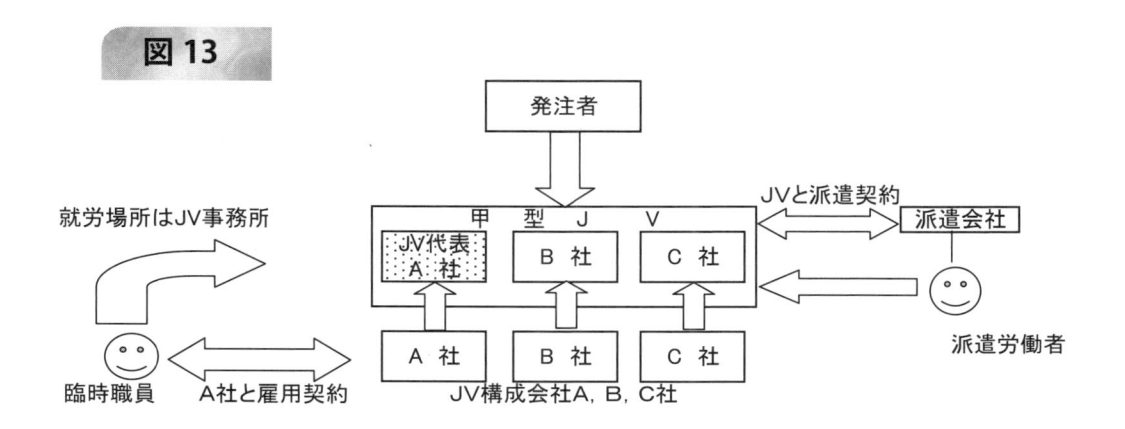

図 13

[図：甲型 JV の構成図。発注者から甲型 JV（JV代表A社、B社、C社）へ。JV構成会社A, B, C社から各社へ矢印。JVと派遣会社との間で派遣契約、派遣労働者が派遣される。臨時職員はA社と雇用契約、就労場所はJV事務所。]

117

> **Q14** 企業体による受注工事での1次下請負人とは、経常建設共同企業体（構成会社3社）が工事を受注し各社1名計3名で工事を施工する。材料費、交通整理人は、企業体が直接契約し、企業体の構成会社の2社が分割して工事を施工する場合（手間のみ契約）、この2社は1次下請負人でよろしいですか。
>
> ```
> 経常建設共同企業体
>   A社　現場代理人
>   B社　監理技術者
>   C社　係員
>     ├── B社　主任技術者
>     │    共同企業体以外の者
>     └── C社　主任技術者
>          共同企業体以外の者
> ```
>
> （中部整備局Q＆A）

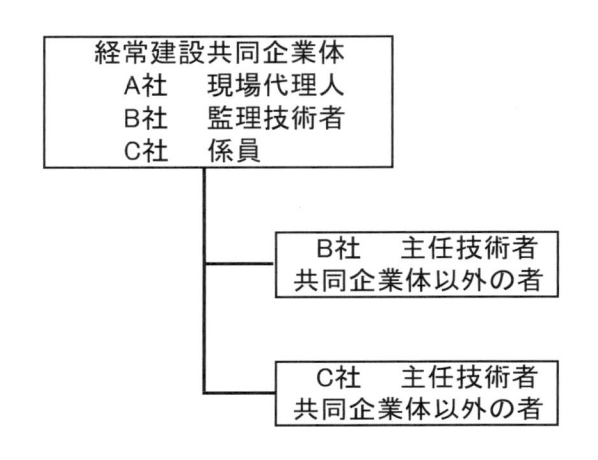

（回答　中部整備局）

　当該経常建設共同企業体が工事を受注し、設問にあるように各構成員の施工すべき工事が定まったときは、各社の担当範囲を勘案し、甲型の場合は個別にその出来高比率を決定し構成員が一体となって、また、乙型の場合は、工事を分担して当該経常JVとしてその工事の施工に当たるべきものと考えます。

　したがって、B、C社はJVの下請（JV構成員以外の者）として施工するのではなく、A、B、C社を構成員とする経常JVとしての立場で工事を施工することが適切であると考えます。

　なお、JVに係る施工体制においては、代表構成員が監理技術者を、他の構成員はそれぞれの主任技術者となりうる資格を有する者を現場に専任で配置することが

原則として必要です（現場代理人が主任（監理）技術者を兼ねることは可能です）。

（本書解説）
　　JV構成員がJVの下請となっても、建設業法では禁止規定はないので直ちに契約をもって違反とはならないが、JV制度の趣旨からみて好ましくないということである。
　　労働安全衛生法5条に定める、JVの代表者の届けを道府県労働局長に届け出た場合、届出行為をもって効力を生じ、その事業は代表者のみが事業者とみなすものである。
　　構成員内部の契約によって、この労働安全衛生法5条の適用関係は左右されないものと考える。

厚生労働省「労働者派遣事業関係取扱要領」（抜粋）

ジョイント・ベンチャー（JV）との関係

イ　JVの請負契約の形式による業務の処理
　（イ）JVは、数社が共同して業務を処理するために結成された民法上の組合（民法第667条）の一種であり、JV自身がJV参加の各社（以下「構成員」という。）の労働者を雇用するという評価はできないが、JVが民法上の組合である以上、構成員が自己の雇用する労働者をJV参加の他社の労働者等の指揮命令の下に従事させたとしても、通常、それは自己のために行われるものとなり、当該法律関係は、構成員の雇用する労働者を他人の指揮命令を受けて、「自己のために」労働に従事させるものであり、法第2条第1号の「労働者派遣」には該当しない。
　　　しかしながら、このようなJVは構成員の労働者の就業が労働者派遣に該当することを免れるための偽装の手段に利用されるおそれがあり、その法的評

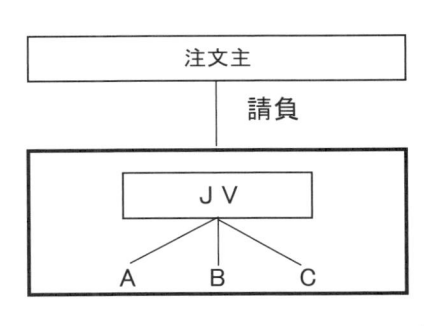

価を厳格に行う必要がある。
(ロ) JV が民法上の組合に該当し、構成員が自己の雇用する労働者を JV 参加の他社の労働者等の指揮命令の下に労働に従事させることが労働者派遣に該当しないためには、次のいずれにも該当することが必要である。
　a　JV が注文主との間で締結した請負契約に基づく業務の処理についてすべての構成員が連帯して責任を負うこと。
　b　JV の業務処理に際し、不法行為により他人に損害を与えた場合の損害賠償義務について、すべての構成員が連帯して責任を負うこと。
　c　すべての構成員が、JV の業務処理に関与する権利を有すること。
　d　すべての構成員が、JV の業務処理につき利害関係を有し、利益分配を受けること。
　e　JV の結成は、すべての構成員の間において合同的に行わなければならず、その際、当該 JV の目的及びすべての構成員による共同の業務処理の2点について合意が成立しなければならないこと。
　f　すべての構成員が、JV に対し出資義務を負うこと。
　g　業務の遂行に当たり、各構成員の労働者間において行われる次に掲げる指示その他の管理が常に特定の構成員の労働者等から特定の構成員の労働者に対し一方的に行われるものではなく、各構成員の労働者が、各構成員間において対等の資格に基づき共同で業務を遂行している実態にあること。
　　① 業務の遂行に関する指示その他の管理（業務の遂行方法に関する指示その他の管理、業務の遂行に関する評価等に係る指示その他の管理）
　　② 労働時間等に関する指示その他の管理（出退勤、休憩時間、休日、休暇等に関する指示その他の管理（これらの単なる把握を除く。）、時間外労働、休日労働における指示その他の管理（これらの場合における労働時間等の単なる把握を除く。））
　　③ 企業における秩序の維持、確保等のための指示その他の管理（労働者の服務上の規律に関する事項についての指示その他の管理、労働者の配置等の決定及び変更）
　h　請負契約により請け負った業務を処理する JV に参加するものとして、a、b 及び f に加えて次のいずれにも該当する実態にあること。
　　① すべての構成員が、業務の処理に要する資金につき、調達、支弁すること。
　　② すべての構成員が、業務の処理について、民法、商法その他の法律に規

定された事業主としての責任を負うこと。

③ すべての構成員が次のいずれかに該当し、単に肉体的な労働力を提供するものではないこと。

i 業務の処理に要する機械、設備若しくは器材（業務上必要な簡易な工具を除く。）または材料若しくは資材を、自己の責任と負担で相互に準備し、調達すること。

ii 業務の処理に要する企画または専門的な技術若しくは経験を、自ら相互に提供すること。

(ハ) JVが(ロ)のいずれの要件をも満たす場合については、JVと注文主との間で締結した請負契約に基づき、構成員が業務を処理しまた、JVが代表者を決めて、当該代表者がJVを代表して、注文主に請負代金の請求、受領及び財産管理等を行っても、法において特段の問題は生じないと考えられる。

Q15 ブルドーザをオペレータ付きで賃借したが、リース契約により派遣されてきたオペレータに対し、指揮命令をして作業に従事させたときは、当社が派遣先として労働安全衛生法上の事業者責任を負いますか。　　　　　　　　（読者からの質問）

図15

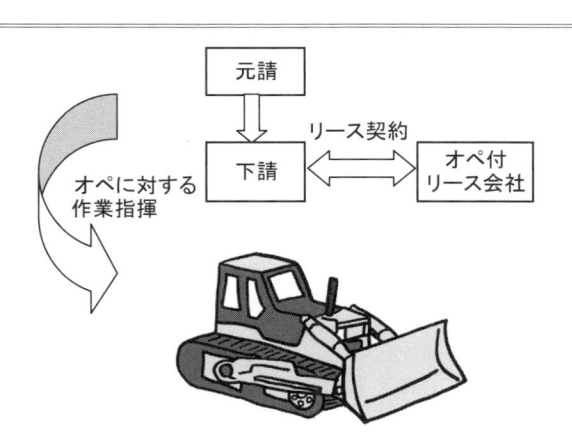

(本書解説)

賃借をした企業が派遣先として労働安全衛生法上の事業者責任は負わないと考える。ただし、建設業法のQ&A（国土交通省）では請負と回答しているので注意を要する。

1 オペレータがリース業者との雇用関係がありながら、作業は現場で賃借した企業の指揮監督を受けている例が多い。労働時間の管理面についても賃借した現場の企業が行っている例が多く、従来から使用者の認定の複雑さが指摘されていたが、労働者派遣法の施行により派遣との関係も問題とされる。

2 機械等の貸与を受けた者の講ずる措置として、労働安全衛生規則第667条は、「機械等貸与者から機械等の貸与を受けた者は、当該機械等の操作をする者が、その使用する労働者でないときは、次の措置を講じなければならない」として、措置内容を示している。この措置を行っていれば当該労働者に対する安全措置はなされていると解され、したがって当該労働者の事業者責任はないことになる。賃借した企業の指揮命令の存在をもって労働者派遣法を適用し、派遣先としての事業者責任を問うことは、罪刑法定主義に反すると考える。

3 したがって、オペレータ付きリース契約の場合は、賃借した企業がオペレータに対し指揮命令をしたとしても、その企業は労働者派遣法の適用をされず、事業者責任はないと考える。企業は労働安全衛生法第33条2項に定める「機械等の貸与を受けた者」としての責任にとどまると考える。

4 「建設業における総合的労働災害防止対策の推進について」（基発第0322002号 平19.3.22）、「建設業における労働災害を防止するため事業者が講ずべき措置」で、「リース業者等に係る措置の充実」として、「リース業者が貸与する機械設備については、そのリース業者の責任において、当該機械設備の点検整備等の管理を行うとともに、貸与を受けた事業者においても十分なチェックを行う体制を整備すること。なお、移動式クレーン等をリースする業者であって自らの労働者がリース先の建設現場において移動式クレーン等を操

第4章 建設業法と労働安全衛生法・労働者派遣法等に関する相談事例 Q&A

作するものについては、法第33条第1項の措置とともに、事業者としてクレーン等安全規則等に定められた措置を講ずること。」と規定している。

5　これに対し、国土交通省見解は、オペレータ付きリース契約を「請負」と解釈している。さらに、建設作業員の派遣を禁じている労働者派遣法に抵触するものとして、「リース会社から派遣されるオペレータを建設業務に就かせることは、労働者派遣法に違反するおそれがあります」という回答もあるが、上記4の通達等を総合判断し労働者派遣法に抵触しないと考える。

6　オペ付きリースに関しては、オペレータは現場において元請や他の関係請負人から随時作業指示を受けるのが前提に成り立っており、規則第667条2号イは、「作業内容の通知」を求めている。作業指示が「作業内容の通知」か「指揮命令」かの検討も必要である。

Q16　オペ付きリース契約の建設機械を現場から搬出中、荷崩れで運搬車両が横転し運転者と第三者が被災した場合、労働安全衛生法、労災保険法、建設業法、民法（民事損害賠償）等関係法令の適用状況はどうなりますか。　　　（本書設問）

図16　賃貸借契約における建設機械等の作業形態

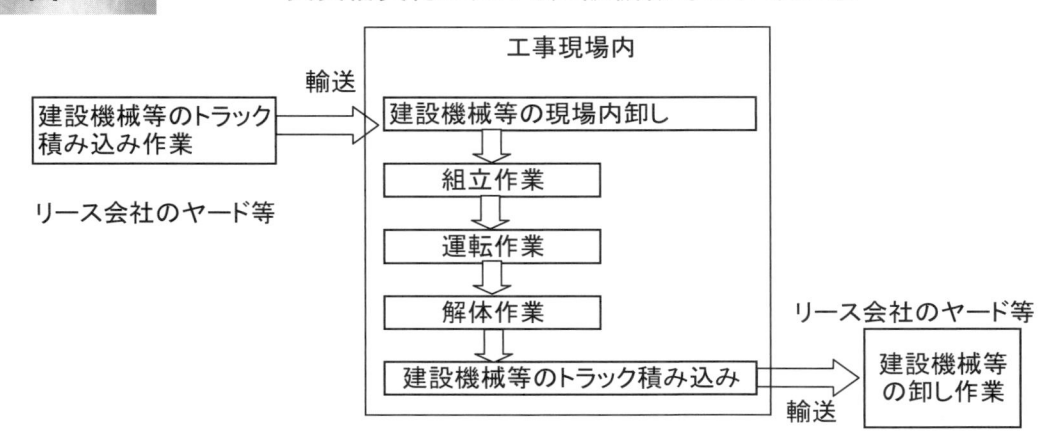

```
リース会社のヤード等                    工事現場内
┌──────────────┐   輸送    ┌──────────────────┐
│建設機械等のトラック│ ────→ │建設機械等の現場内卸し│
│積み込み作業      │          └─────────┬────────┘
└──────────────┘                    ↓
                                ┌──────────┐
                                │  組立作業  │
                                └─────┬────┘
                                      ↓
                                ┌──────────┐
                                │  運転作業  │
                                └─────┬────┘
                                      ↓
                                ┌──────────┐              リース会社のヤード等
                                │  解体作業  │              ┌──────────┐
                                └─────┬────┘              │建設機械等│
                                      ↓                     │の卸し作業│
                                ┌──────────────────┐  輸送 │          │
                                │建設機械等のトラック積み込み│ ──→ └──────────┘
                                └──────────────────┘
```

(本書解説)

1　基本的には、被災労働者はリース会社の継続労災を適用する。

2　安全管理において、労働安全衛生法第33条2項の規定（借受者責任）以外は、元請責任はない。輸送中の安全責任は、原則的にはリース会社が負う。元請がオペレータに対し指揮命令関係があっても、労働者派遣法の適用により元請が事業者責任を問われることはないと考える。

3　国土交通省はオペ付きリース契約を、工事の完成を目的として締結する契約であれば請負とみている。公共工事で、請負契約となれば輸送中の災害でも、元請に所定の責任を課す可能性もある。現実的には幅広く元請責任を問い、契約解除や指名停止処分がなされている（首都圏大停電　H18.8.14）。

4　民法第715条は、「或る事業の為に他人を使用する者は被用者が其事業の執行に付き第三者に加えたる損害の賠償する責めに任ず」と規定。元請が下請労働者の起こした第三者災害に対し、使用者責任を負う場合の要件として、判例は元請が下請に対し、直接または間接的な指揮命令関係の有無を求めている。賃貸借契約であっても3で請負とされた場合や労働者派遣法の適用により派遣先に事業者責任を課された場合に、元請の使用者責任が発生するかどうかは、検討を要する（労働者派遣法の適用はできないと考える）。

5　重機の輸送を他の運送会社が行った場合は、輸送中の災害は原則的にはその運送会社の責任となる。「現場往復時の交通災害（交通事故と労災保険）について」は91ページを参照。

第4章 建設業法と労働安全衛生法・労働者派遣法等に関する相談事例 Q&A

関係法令	見 解
建設業法	オペレータ付きリース契約をする場合、国土交通省で次のような見解がある。 ① オペレータが行う行為は建設工事の完成を目的とした行為と考えられ、建設工事の請負に当たるものと考えられます。（国土交通省関東地方整備局　H14年見解） ② 工事の完成を目的として締結する契約であれば、建設工事の請負契約となります。単なる労務提供である場合は建設作業員への派遣を禁じている労働者派遣法に抵触するおそれがあります。（国土交通省中部地方整備局　H15年見解） なお、重機の運搬については、請負工事とはみなしていないが、運搬に併せて何らかの施工に携わった場合は、請負工事となる。
労災保険法	建設機械等の賃貸とその運転業務を併せ行う事業については、賃貸先事業に係る労災保険率を適用する。ただし、賃貸先事業が建設事業である場合には、従来どおり継続事業として取り扱い、「37 その他の建設事業」の労災保険率を適用する（昭和61.3.25 発労徴第13号　基発第163号）。 つまり、リース会社の継続事業として『37 その他の建設事業』の労災保険率を適用し、建設現場の保険は適用しない。
労働者派遣法	労働者派遣法は適用されないと考えられる。
労働安全衛生法	労働安全衛生法では、現場内の安全管理は原則として元請の責任としている。しかし、労働安全衛生法33条2項（規則667条）では、機械等の貸与を受けた者の講ずべき措置が規定されており、これは所謂オペ付きリースを想定している。つまり、貸与を受けた者（元請）は、この措置義務を果たしていれば、原則的には元請責任はないことになる。 したがって、機械等の輸送中については、元請責任ないものと考えられる。

Q17
（1）オペレータ付きでリース契約をした場合、請負となりますか。
（2）労務のみの常庸の場合、またはオペレータ付きリース契約が請負とみなされる場合は、注文書、注文請書により、予定数量を入れた上で単価契約としてよろしいか。

(中部整備局Q＆A)

（回答　中部整備局）

（1）オペレータ付きでリース契約をする場合であっても、工事の完成を目的として締結する契約であれば、建設工事の請負契約となります。

　なお、リース会社から派遣されるオペレータを建設業務に就かせることは、労働者派遣法に違反する恐れがあります。

（2）請負契約に単価契約が馴染むかという問題もありますが、請負代金の計算方法まで建設業法では規定していないため、契約の当事者が協議した上で、決めて下さい。

　（・・・略）なお、人件費に係る単価の設定に当たっては、直接人件費の他、福利厚生費等所要の経費を計上するよう配慮願います。（・・・略）

（本書解説）
1　労働安全衛生法及び労災保険法等では、請負とはみていない。

　建設業法では請負とみており、厚生労働省と国土交通省の取り扱いが異なっている。

　本来は取り扱いは一致すべきであるが、各法の立法趣旨が異なっていることからこのような相違がで

てくる。
2　元請等からオペレータへの作業指示をもって、あるいはリース会社から派遣されるオペレータを建設業務に就かせることをもって労働者派遣法違反とすることについては、妥当ではないと考える。

　元請等からオペレータへの作業指示の存在をもって労働者派遣法を適用し、派遣先としての事業者責任を問うことは、罪刑法定主義に反することになる。
（Q15　本書解説参照）
3　「請負契約に単価契約が馴染むかという問題もありますが」と回答にもあるように本来は請負いには単価計算は馴染まないものである。しかし、現実的には建設事業では単価計算で行っているのが実態である。単価計算を行っていることだけをもって、派遣事業と判断する重要な要素とするのは建設業の実態をみると厳しいものと考えられる。

> **Q18**
> （1）元請から建材商社が下請負して、当社が再下請負をしましたが、建材商社の主任技術者は3日に1回程度しか現場に来ません。このような施工体系の場合、一括下請負に該当しますか。　　　　　　　　　　（関東整備局　問8-1）
> （2）労働者派遣法違反になりますか。

（回答　関東整備局）

（1）建材商社の工事への実質的関与が認められなければ一括下請負に該当します。ご質問の工事で、建材商社の主任技術者が3日に1回程度しか現場に入場せず、下請である貴社が元請の管理・指導を直接受けて下請負工事を主体的に行った場合には、一括下請負に該当する可能性が高くなります。

図18

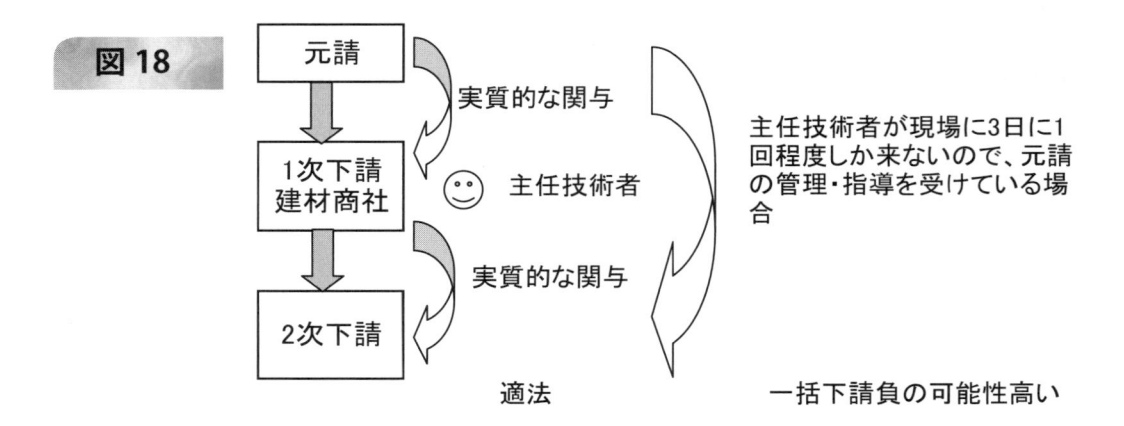

```
元請
 ↓  ↘ 実質的な関与
1次下請
建材商社  ☺ 主任技術者    主任技術者が現場に3日に1
 ↓  ↘ 実質的な関与       回程度しか来ないので、元請
2次下請                   の管理・指導を受けている場
                          合

     適法           一括下請負の可能性高い
```

（2）元請負人との打ち合わせと下請負人への指示だけを行っているのであれば、工程管理、出来形・品質管理、完成検査、安全管理等、本来下請の技術者が行うべき管理等に実質的関与しているとは考えにくく、一括下請負に該当する可能性が高いと考えられます。

（3）一括下請負か否かの判断は、単に下請負業者数や下請負金額の多寡によって判断されるものではありません。その請け負った建設工事の完成について的確な技術者（監理技術者及び主任技術者）が適切に配置され、元請・下請がともにその責任を応分に果たすなど誠実に履行できるどうか、個別的に判断されます。

（本書解説）（関東整備局　問8-6から）

　　この事例において、建設業法と労働安全衛生法・労働者派遣法との違いを検討する。

　　なお、この事例では1次下請の建材商社は建設業として扱っている。

　　労働安全衛生法や労働者派遣法においては、1次下請である建材商社の主任技術者の資格を持つ者が不在・未配置でも、一定の権限を有する現場責任者が現場に配置されていればよい。

　　元請が、1次下請の責任者を通さず、2次下請の責任者に直接作業指示をした場合、建設業法では一括下請負になる可能性が高いが、必ずしも偽装請負に該当するとは限らない。

偽装請負的要素が強いのは、１次下請や２次下請の責任者等を通さず、直接その作業員に指揮命令する場合である。

> **Q19** 昼夜作業のトンネル工事で、発注者から強く現場常駐を求められた現場代理人、頻繁に日中開催される発注者等との打合わせ会議に代理出席を認められず過労気味だが何とかなりませんか。

(本書解説)

1 トンネル工事等公共工事における夜間作業において、建設業法上は主任技術者・監理技術者、契約上は現場代理人は工事中現場に常駐する義務がある。
　一方、発注者との打合わせ等は通常日中にあり、発注者は会議に現場代理人の出席を求め代理の出席を認めない傾向にある。
　同様に、元請店社のパトロールや支店会議等への出席も当然日中である。
　現場代理人の中には、夜間工事作業中、現場事務所の片隅に簡易ベットを設け、日中に睡眠をとっている例もある。このような状況では、工事期間中、24時間・連日にわたり、労働時間と休憩時間・休息時間・睡眠時間の区別がつかず、十分な休養がとれない場合が多いと聞く。

2 現場代理人等が脳・心臓疾患等で倒れた場合、労働基準監督署長がこのような状況を過重労働と認め、過労死等と労災認定する可能性は高い。これを労働基準法から見ると、事業主は労働基準法違反の疑いが当然あるが、発注者においても建設業法（現場常駐性）が故に労働基準法違反の疑い（共犯）の可能性がでてくる。建設業法の適正な執行が、実質的に労働基準法違反の共犯関係（教唆・幇助）になるとしても、処罰対象になる可能性は低いかもしれない。
　しかし、発注担当者による常識を逸した指示で、建設業の適正な執行と認められない場合は、担当者個人に対しては労働基準法違反の共犯として被疑者となる可能性がある。

3　さらに、労働基準法等法の枠を越えて安全配慮義務を広く認める民事損害賠償の場合においては、遺族や被災者から請求された場合、事業主のみならず発注者に対しても、やはり建設業法（現場常駐性）が故にその責任を追及される可能性がでてくる。

　　事業主及び発注者は、安全に対する配慮と同時に、このような事情を承知の上、施工職員の健康管理・時間管理に対しても十分配慮を行う必要がある。

4　夜間、休日に工事を実施する場合の安全管理については、次のような厚生労働省通達がある。

建設業における総合的労働災害防止対策の推進について
（平成19年3月22日　基発第0322002号）

建設工事別における労働災害防止上の重点事項
（1）ずい道建設工事
　ア　安全衛生管理の充実
　　　工事現場における安全衛生管理の充実を図るため、次に示す事項を重点に実施すること。
　（ア）元方事業者においては、当該現場の規模に応じて統括安全衛生責任者及び元方安全衛生管理者または店社安全衛生管理者を選任し、現場における統括管理を充実すること。
　（イ）夜間、休日に工事を実施する場合には、当該工事現場において施工を統括管理する技術者が不在となり、その際、連絡調整等が不十分となり重大な災害が発生するおそれがある。このため、夜間、休日において工事を実施する場合には、これらの技術者が不在のまま工事が進められることのないよう、複数の元方安全衛生管理者の選任またはこれに準ずる能力を有する技術者の配置を進めること。
　（ウ）ずい道等の掘削作業またはずい道等の覆工の作業を行う場合には、それぞれ、ずい道等の掘削等作業主任者またはずい道等の覆工作業主任者を選任し、その者の直接指揮により作業を実施すること。

第4章
建設業法と労働安全衛生法・労働者派遣法等に関する相談事例 Q&A

Q20 現場代理人が、私用で仕事を休む必要があり、事前に発注者に代理人をたてる相談をしたところ、現場常駐を強く求められ、結果的に年次有給休暇の取得ができなくなった。

(本書解説)

現場代理人が有給休暇を取得する際に、発注者から質問のような扱いをされた例は少ないものと考えられる。

しかし、高知県建設業協会の相談事例集によると、次のような類似の相談が掲載されている。

問 5-5 トンネル昼夜工事にて現場代理人は常駐だから、夜間も現場にて宿泊せよと指示された。

回答 現実的でない指示です。ただし、夜間の責任者・連絡体制を明確にしておくことは必要です。

問 5-17 現場代理人が私用で休んだとき、常駐を強く要求されました。

回答 常識的な判断で話し合いをお願いします。

問 5-18 結婚式に出席になっていたが、年度末工事で日数がなく代理人不在の仕事を申し出たが「常駐」を理由に断られました。

回答 常識的な判断で話し合いをお願いします。

一方で現場でよく自嘲気味に、「現場代理人は、死んだ時や倒れた時以外、現場から離れることは出来ない」ということを聞く。もしこのような状況であれば、建設業法の目的である「建設業の健全な発展を促進」が夢となり、建設業に優秀な人材が集まらなくなるであろう。

　現在の建設業では、技能労働者の確保及び育成が課題となっているが、その背景に若年労働者の新たな入職者の減少と離職率の上昇があげられ、特に、技能者の賃金や処遇の低迷が指摘されている。

　技能労働者と元請の現場代理人等との処遇を一律に論ずることは適切ではないが、今後少子高齢化社会の到来や他産業との人材確保競争の激化により、優秀な人材の確保が懸念されることは共通であろう。

　現場代理人等の責任が増大する一方、長時間労働・サービス残業・年休の未消化等、労働条件の処遇の低迷している建設業の現状は、今後改善されるべきである。

1　この相談事例にみられるように、稀に現実的でない、常識でない指示が発注者から行われているようだが、国土交通省の相談窓口では、もし非現実的な過度の「常駐」を要求されるようなことがあれば、現実的な対応をとってもらうよう協議すべきだとしている。

2　現場代理人や主任技術者・監理技術者の「常駐」については、見方によって見解が異なる。

　発注者の立場からすれば、常駐の目的は、発注者または監督員との連絡に支障が生じないためとされる。

　一方、次のような、「現場責任者等の現場常駐化について」の厚生労働省通達があるように、現場責任者の現場掛け持ちによる安全管理の低下が懸念されるとともに、手抜き工事にみられる施工管理の低下も懸念されるからである。

> **現場責任者等の現場常駐化について**
> **建設業における労働災害防止対策の一層の推進について**
>
> 平元.10.6 基発第 542 号
>
> (抜粋)
> (1) 現場責任者等による安全管理の徹底
> 　　工事受注量の増大等に伴い、現場責任者等が複数の現場を担当することにより安全管理水準が低下し、災害発生につながることが多いことにかんがみ、現場責任者等の現場の常駐化をできる限り図り、安全管理を徹底させること。

3　さらに現場代理人等の労働者保護の立場からすると、次のような問題が発生する。

(1) 現場代理人等から雇用主に対して年次有給休暇が請求された場合、「労働者の請求された時季に与えなければならない。ただし、請求された時季に与えることが事業の正常な運営を妨げる場合においては、他の時季にこれを与えることができる。」(労働基準法第39条4項)

(2) 年次有給休暇の取得権の問題として検討すると、「常駐」の必要性が時季変更権の「請求された時季に与えることが事業の正常な運営を妨げる場合」に該当するかの問題である。

　　作業内容や時季によっては、時季変更権が認められる場合もある。

　　事業主が「常駐」の必要性だけで工事期間中時季変更権を行使し、年次有給休暇を認めないのであれば、労働基準法違反の可能性がある。

(3) 通常、現場代理人は、事業主に年次有給休暇を取得する旨届出をすると同時に、発注者に対して、その代理を届け出る。

　　しかし、発注者の担当者が事前にこれを認めないことや、事後に強く「常駐」を求め叱責することは、結果的に年次有給休暇の取得を認めさせないことになる。

　　行政処分としては、事業主に対しては是正勧告書が、発注者に対しては要請書が交付される可能性があるが、労働者からの告訴等により刑事事件となった

場合には、事業主は労働基準法違反の被疑者であるが、理論的には発注者の担当者もその共犯（教唆・幇助）で被疑者となる可能性がある。

> **Q21** 請負業務に必要な機械・設備、材料等は、請負業者の責任で準備・調達とあります。
> ボイラーの保守・運転の業務委託の場合、ボイラー使用料、水、燃料（ガス）等を有料にしなければなりませんか。

(本書解説)

ボイラーの保守・運転の業務委託の場合は、受託者独自の高度な技術・専門性等で処理しているので、ボイラー使用料、水、燃料（ガス）等を無償で使用させても問題はない。

1　請負は、次の要件すべてに該当しなければ認められない。
（職業安定法施行規則第4条）

労働者を提供しこれを他人の指揮命令を受けて労働に従事させる者（・・・労働者派遣事業を行う者を除く。）は、たとえその契約の形式が請負契約であっても、次の各号のすべてに該当する場合を除き、法第4条の規定による労働者供給の事業を行う者とする。

一　作業の完成について事業主としての財政上及び法律上のすべての責任を負うものであること。

二　作業に従事する労働者を、指揮監督するものであること。

三　作業に従事する労働者に対し、使用者として法律に規定されたすべての義務を負うものであること。

四　自ら提供する機械、設備、器材（業務上必要なる簡易な工具を除く。）若しくはその作業に必要な材料、資材を使用しまたは企画若しくは専門的な技術若しくは専門的な経験を必要とする作業を行うものであって、単に肉体的

な労働力を提供するものでないこと。
2　問題は、四項の解釈である。

請負といえるためには、単に肉体的な労働力を提供するものでないことで、処理すべき業務を次の①②のいずれかに該当していることが必要である。

① 受託者の調達する設備・機器・材料・資材を使用し処理している、または発注者が設備等を調達する場合は無償で使用させていないこと。

② 受託者独自の高度な技術・専門性等で処理していること。

3　ボイラーの保守・運転には、技師免許、溶接、作業主任者等ボイラー独自の免許・資格が必要であり、受託者の有する高度な技術・専門性が認められるので、単に肉体的な労働力を提供するものでない。

したがって、受託者に高度な技術的・専門性等がある場合は、業務の処理に必要な機械・設備等は発注者より無償で提供されても問題はない。

しかし、受託者に高度な技術的・専門性等がない場合は、業務の処理に必要な機械・設備等は発注者より無償で提供していないことが必要である。

Q22　労働者派遣法の適用において厚生労働省告示によると、請負である場合は、材料若しくは資材は、下請負人が自己の責任と負担で準備するもの、とされていますが、元請が資材等を支給することに問題があるのですか。　（中部整備局　Q＆A）

（回答　中部整備局）

元請負人が資材等を提供して、建設工事を請け負わせることについて問題はありません。

また、下請負人は、元請負人から資材等を提供された場合であっても、事業主として自ら資金調達等を行い、自己の雇用する労働者を以って、技術や経験に基づき工事を完成させれば、労働者派遣法の適用において問題となることはないと考えます。

労働者派遣法の適用等については、厚生労働省にご確認願います。

> **Q23** 1次下請負人が元請負人の子会社の場合、主任技術者は、元請人の出向社員でもよろしいですか。
> 1次下請負人に転籍出向していれば問題ないのでしょうか。
> （中部整備局　Ｑ＆Ａ）

（回答　中部整備局）

　親会社からの在籍出向者は、子会社の主任技術者としては認められません。主任技術者となるためには、当該企業と直接的かつ恒常的な雇用関係を有していることが必要ですが、出向者ではこの要件を満たさないためです。

　なお、転籍出向の場合は、出向者が主任技術者となることに問題は生じません。

＊「転籍出向」とは、親会社を完全に退職し、子会社と新たな雇用契約を締結した状態を指します。

（参考）

　　平成15年1月22日より、一定の条件のもとに、親会社とその連結子会社間の出向社員については出向先の主任技術者等になることが認められることになりました。

　　本取扱いを受けるためには、国土交通省総合政策局建設業課長に対し確認申請が必要です。

（本書解説）

　親会社とその連結子会社間の在籍出向社員については、出向先の主任技術者等になることが認められることになったが、条件が厳しく定着していないようである。

　形式的に移籍出向によるものがみられるが、実施している事業場においてはコ

ンプライアンスを意識すると正当化されないものが多いようである。実態に即して出向社員の活用が期待できる制度に改善が必要である。

発注者が現場で一括下請負の疑義と判断した場合であっても、一括下請負に該当するかどうかの最終判断は、建設業許可行政部が行う。(建設業法関係)

> **Q24**　1次下請人における主任技術者の配置（専任・非専任）についてどのように判断すればよいでしょうか。
> 　下請負人の作業日だけ常駐すればよいのでしょうか。
> 　工事期間中拘束されるのでしょうか。
> 　当該下請負人の作業がない場合は他の届出現場で従事（いわゆる兼務）してもよいでしょうか。　　　（中部整備局Q＆A）

（回答　中部整備局）

　下請業者（1次以下のすべての下請業者を含む。）であっても、公共性のある工作物に関する重要な工事（個人住宅を除いてほとんどの工事が該当。）で、請負代金が2,500万円（建築一式工事の場合は5,000万円）以上の工事を請け負ったときは、主任技術者を現場に専任しなければなりません。（建設業法第26条第3項）

　なお、下請工事においては、施工が断続的に行われることが多いことを考慮し、専任の必要な期間は、当該下請工事（再下請した工事があるときは、当該工事を含む。）の施工期間とされています。

したがって、工事が２次下請業者まで下請されている場合で、２次下請業者が作業を行っているときは、１次下請業者は自らが直接施工する工事がないときであってもその主任技術者は現場に専任していなくてはならないことになります。

　工事が２次下請業者まで下請されている場合で、２次下請業者が作業を行っているときは、１次下請業者は自らが直接施工する工事がないときであってもその主任技術者は現場に専任していなくてはならない。

Q25
　建設業許可のない商社が元請で全く工事に関与しないが、この元請から下請負分離を受けた場合
（１）建設業許可のない商社が元請として労災保険の成立ができるのか
（２）建設業で禁止している「一括下請負」のおそれのある場合でも、下請分離が認可されるのか
（３）下請分離と一括下請負いとの関係は
「徴収法」＝労働保険の保険料の徴収等に関する法律

(本書解説)

1　数次の請負によって行われる建設事業については、元請が全体の事業についての事業主となり、労働保険の適用をうける。
　つまり、元請事業主は、下請事業主が現場で使用する全労働者について、保険料納付義務を法律上当然負う。

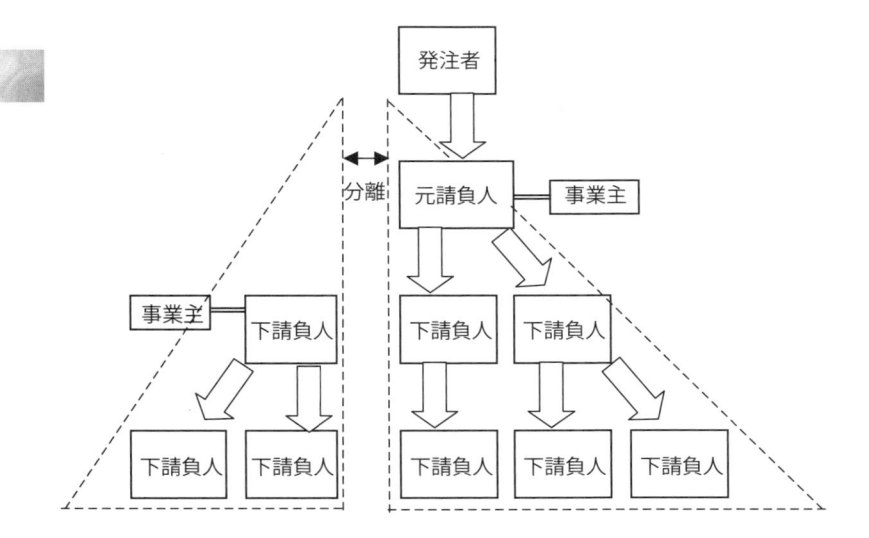

第4章
建設業法と労働安全衛生法・労働者派遣法等に関する相談事例 Q&A

図25

2 元請から下請に発注した工事について、下請の請け負った工事を下請業者自身が労災保険に加入することができる。

　元請と下請が共同で「下請負人を事業主とする認可申請書」を都道府県労働局に提出し、その認可を受けると、その下請がその下請事業の事業主となることを認めている。これが労災保険の「下請分離」と呼ばれているものである（図25参照）。

（1）徴収法8条による申請「8条申請という」の要件として、下請負事業の概算保険料の額が160万円以上か、あるいは請負金額が1億9,000万円以上である。

（2）徴収法上は、元請が建設業者であるか否かを問わない。したがって、監督署では建設業者でない商社等が元請として労災保険の成立届けを行っても受理している。

　「商事会社等が元請負人であって、工事全部を下請負人に請け負わせる場合でも、下請負承認をすることができる（昭40.8.24事務連絡）」という旧労働省の通達があるが、この通達は例え建設業法に定める「一括下請負禁止」に該

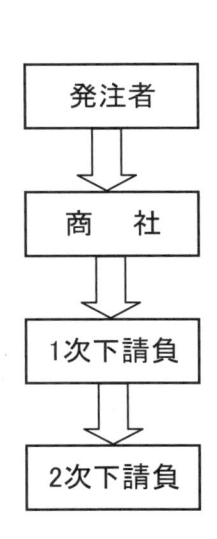

当する可能性があるとしても、これを理由としては下請負分離を不認可としないことを意味する。

例え無許可建設業者等であっても労災保険の加入を求めてきた場合は、労災保険の目的があくまでも被災した労働者の救済・保護であることから、これを拒否することはできないからであり、ここに建設業法と徴収法（下請分離）の接点（不一致）がみられる。

（3）商社が元請となり、仮に下請に丸投げしても労災保険法上は商社が元請となり労災保険に加入することになる（保険料等の経費は商社負担）。また、仮に10億円の工事を商社が元請けして、9億5千万円を下請に発注し、下請業者が8条（下請を元請とする申請）申請の承認を行う場合は、商社と下請業者の労災保険成立が、「同一業種・同一賃金把握」であることが必要となる。

なお、商社が一括有期事業としての労災保険関係が成立している場合は、小工事扱いとして処理することができるが「同一業種・同一賃金把握」の条件は同じである。一括有期事業としての労災保険が成立していない場合は、5千万円で保険が成立することになる。労災保険の元請判断は契約書の内容による。

（4）下請分離で下請が事業主となったとしても、あくまでも労災保険法上の制度の問題であり、労働安全衛生法等による元請責任にまで影響を及ぼさない。

Q26 発注者から工事の依頼を受けた商社が全く工事の施工に関与せず、もっぱら1次下請負以下の建設業者が施工する場合、労災保険の適用関係はどうなりますか。また、建設業法による「一括下請負」に該当しませんか。

(本書解説)

商社が全く工事の施工に関与しない場合として、発注者と商社との関係が、
① 請負契約である場合

② 商社が発注者の委任を受けて、代行・代理として工事を発注している場合に分けて検討する必要がある。
1 発注者と商社との関係が、請負契約である場合
 （1）労災保険法
　　商社が建設業の許可業者であるか否かを問わず、労災保険法上の元請として労災保険が成立し、なお下請分離の認可を受ければ、元請から下請に発注した工事について、下請の請負った工事を下請業者自身が労災保険に加入することができる。
 （2）建設業法
　① 建設業法2条では、『「建設業」とは、元請、下請その他いかなる名義をもってするかを問わず、建設工事の完成を請け負う営業をいう。』と規定し、「請負契約とみなす場合」として、法24条は、「委託その他いかなる名義をもってするかを問わず、報酬を得て建設工事の完成を目的として締結する契約は、建設工事の請負契約とみなして、この法律の規定を適用する。」と規定している。建設業を営もうとするものは、「軽微な建設工事」以外は建設業の許可が必要である（法3条）。したがって、この建設業許可のない商社が施工する工事が「軽微な建設工事」でなければ、建設業法違反となる。
　② 監理技術者等が配置されず、あるいは監理技術者等が3日に1回程度しか現場に入場しない等、商社の工事への実質的関与が認められなければ一括下請負に該当する。
2 商社が発注者の委任を受けて、その代行として工事を発注している場合
 （1）委任は、仕事の完成を内容とする請負とは異なり、必ずしも仕事の完成義務を負わない。
　　労働局が請負と業務委託及び準委任を特に区別していないのは、実態的みて請負である「偽装請負」との関係である。発注者と商社との間に当該工事に関する請負契約がなく、商社が工事の施工にも直接関与していない場合は、純粋

に委任であり請負ではないと考えるべきである。(「業務委託・委任（準委任）について」47ページ参照)

　この場合は、商社は元請ではなく発注者と考えられる。

　このような事例としては、「ビルの所有者」－「ビル管理会社」－「テナント」の関係が考えられる。(Q30参照)

(２) 商社の行為が請負か委任かの区別は、契約書や瑕疵担保責任の所在等実態で判断される。監督署も保険成立の窓口で契約書の提示を求めることがある。

　発注者から、工事の完成一式の仕事を引き受けた商社が、発注者に工事施工業者を斡旋する商行為で、建設工事の完成を目的としていないのであれば、建設業ではない。建設工事についての瑕疵担保責任もない。この場合の報酬は、発注者と元請の双方から、あるいは一方から契約によって支払われることになる。

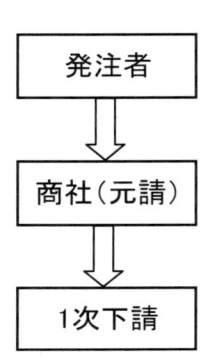

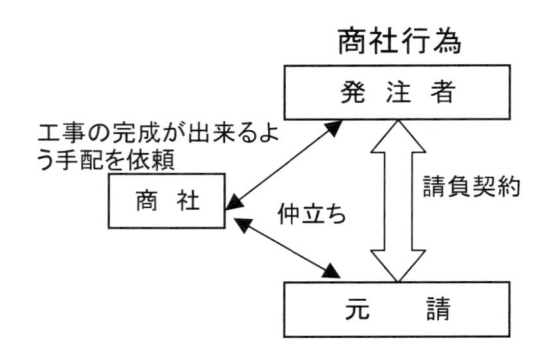

```
発注者
  ↓
商社（元請）
  ↓
1次下請
```

商社行為

```
              発注者
工事の完成が出来るよう   ↑↓
手配を依頼          請負契約
    商社 ─仲立ち─
              元　請
```

建設業法における「軽微な建設工事」とは、
○　建築一式工事の場合…　工事一件の請負代金の額が 1,500 万円に満たない工事または延べ面積が 150 ㎡に満たない木造建築工事

その他の建設工事の場合…　工事一件の請負金額が 500 万円に満たない工事

労災保険の取り扱い

　　請負金額が 1 億 8 千万円未満（消費税除く）で、かつ概算保険額が 160 万円未満の建設事業は、すべて一括し、一つの事業として、保険関係を成立させ、継続事業に準じて取り扱うことになる。これを一括事業と称している。請負金額が 1 億 8 千万円未満で、かつ概算保険額が 160 万円以上の工事の場合は、単独有期事業として労災保険の成立となる。なお、一括有期事業として保険関係がない場合は、上記金額に該当しても工事ごとに保険関係を成立することになる。

> **Q27** 当社は元請として発注者から3億円で請け負い、これを2億8千万円で下請に請け負わせ、労災保険関係は下請分離させるが、下記事項はどのようになるか。
> （1）当社の労災保険関係について
> （2）実際の工事施工は1次下請が行うので、特定元方事業開始届や足場の設置届は1次下請の名前でよいか
> （3）建設業法関係について

(本書解説)

1　元請が3億円で請負った場合は、原則として3億円の労災保険関係が成立することになる。

下請業者に2億8千万円で下請けさせ、下請業者の8条申請が認められた場合は、元請業者に一括有期事業番号がある場合は2千万円の工事分を一括有期事業として「同一業種・同一賃金」で処理するが、一括有期事業の保険関係を成立していない場合は、単独有期事業として2千万円の工事分の保険関係を成立させることになる。

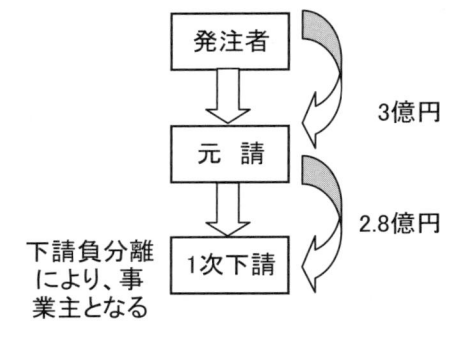

```
発注者
  ↓       3億円
元　請
  ↓       2.8億円
1次下請
```
下請負分離により、事業主となる

なお、一括有期事業の労災保険番号は、地理的に有効範囲があることに注意を要する。

例えば、神奈川県に一括有期事業として成立している場合は、茨城県、栃木県、群馬県、埼玉県、千葉県、東京都、山梨県、静岡県の小工事は可能であるが、この地域以外の小工事は単独有期事業として成立することになる。ただし、「機械の装置の組立てまたは据付の事業」については、国内全域が範囲となる。

2　商社等建設業許可がない者でも、労災保険法上の元請となり保険成立は可能で

ある。また、建設工事の設計監理だけを行って施工管理を行っていない場合や、まったく施工に関与していない場合は、特定元方事業者でもないので、原則的には特定元方事業開始報告や法88条1項に定める足場等の設置届の義務はない。

しかしながら、法88条3項、4項による届出については、届け出る義務がある（Q28参照）。

3　労働局は建設業において賃金計算方式を行うのは現実的には困難であるとして厳格に解釈している。現実的には下請労働者が固定化し、人の出入りのほとんどないずい道工事や特殊技術の土木工事では、賃金台帳の管理はしっかりしているが、それ以外は困難とみている。

4　民間工事においては、集合住宅新築工事等を除いて、発注者から文書で一括下請負承諾を得た場合に限り、建設業法違反にはならないが、公共工事は一切禁止である。

Q28　当社・元請は、発注者から一括下請負承認を受け、さらに労災保険においても8条申請による承認を受け、下請業者に労災保険を成立させたが、建設工事の施工一切を下請に任せ、特定元方事業者を委託させた。この場合「特定元方事業開始届」及び「労働安全衛生法88条に定める足場の設置届」は、当社名か、それとも特定元方事業者を委託した下請名か。

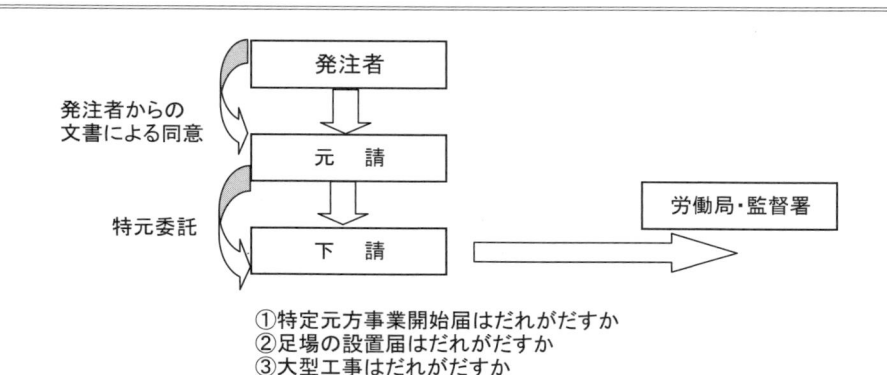

```
                    発注者
発注者からの          ↓
文書による同意       元　請
                     ↓
特元委託            下　請  →  労働局・監督署
```

①特定元方事業開始届はだれがだすか
②足場の設置届はだれがだすか
③大型工事はだれがだすか

(本書解説)

1　下請分離で下請が事業主となったとしても、あくまでも労災保険法上の制度の問題であり、労働安全衛生法等による元請責任にまで影響を及ぼさない。

　　したがって、発注者から文書であらかじめ承認（建設業法22条：事実上民間工事だけ認められている一括下請の承認）を得たとしても、労働安全衛生法30条等が課している特定元方事業者等の講ずべき措置義務を下請に委託することはできない。

　　特定元方事業開始届は、元請名で出すのが正しいと考える。

　　建設業法による発注者からの一括下請承認、労災保険法8条申請による下請業者の労災成立によって、労働安全衛生法も特定元方事業者を下請に委託できるようにみえるが、それぞれ制度が異なるものであり、労働安全衛生法の適用には影響を受けない。

2　元請が施工管理を行わず、設計監理のみを行うものであれば、「特定事業を行うもの」ではないので、実際の施工を担当する下請名で特定元方事業開始届及び足場の設置届等（法88条1項、2項）を行ってもよい。しかしながら、大規模な仕事及び建設業の仕事（法88条3項及び4項）については、例え商社であっても元請であれば元請として届出をする必要がある。

　　「第4項（現行第6項）の元請負人は、必ずしも第3項（現行第3項及び第4項）の事業の仕事を自ら行う者のみに限られるものではないこと。」（昭47.9.18、基発第602号）により、労働安全衛生法88条3項及び4項に示す届出（3項＝大規模の仕事、4項＝ずい道等の建設、10m以上の地山掘削等の建設業の仕事）については、元請として届出を行う必要がある。

3　しかし同通達には、労働安全衛生法88条1項及び2項については規定されていないので、1項の足場等の設備及び2項のクレーン等の機械については、単に設備及び機械を設置する工事のみを請け負った下請が届け出るのではなく、その設備及び機械を必要とする事業者が届け出ることになるので、その限りでは下請名でもよい。

第4章
建設業法と労働安全衛生法・労働者派遣法等に関する相談事例 Q&A

Q29 発注者との契約が遅れ、労働安全衛生法88条に基づく、足場等計画届の所定の期日に間に合わず遅れてしまいました。そのため監督署から遅延理由書の提出を求められましたが、発注者との契約が遅れた旨を記載し提出しました。今後は発注者にも協力をお願いしたいのですが。

(本書解説)

1　労働安全衛生法88条1項では、高さ、長さがそれぞれ10m以上で組立て開始から解体までの期間が60日以上の足場及び架設通路を設置する場合は、設備等の設置等の工事(作業)開始30日前までに、機械等設置届を所轄監督署長に届け出ることになっている。

2　「安全スタッフ」(労働新聞社：2007. 4. 1)によると、東京労働局池袋署では、再三の工期延長要請にもかかわらず、これに応じない公共工事の発注者を監督署に呼び出し、発注者の責務、違法な指示の禁止を説明し改善を約束させた事例があったとのことである。提出の遅れを防止するため、チラシを配布しPRしているが、遅延が後を絶たない状況から、同監督署では、悪質な業者、発注者に対しては司法処分を行うことも視野に入れていると報じている。

3　工事開始後にこれら設備等の設置条件が異なった場合は、「機械等変更届」が必要である。

変更届の制度がない場合は、改めて新規に届出ることになるが、届出が必要か否かは監督署に事前に相談する必要がある。

解体工事での崩壊や足場崩壊災害では、労基署の計画審査や社内の計画審査を受けずに、現場所長の独断で当初の計画とは大幅に異なる工法や方法で施工している場合が多い。

改修工事の届出遅延が多発

　発注者に対して、労働安全衛生法をきちんと説明し、契約していますか

　遅延理由書を添付しても許しません。

　当署では、発注条件に問題がある場合は、発注者に対して工期延長等を要請します。

　足場計画届遅れていませんか

池袋労働基準監督署

Q30 ビル管理会社が、ビルオーナーに依頼されて内装工事などを専門工事業者に請け負わせる場合に、建設業許可が必要か。

(本書解説)

ビル管理会社の行う業務及び労災保険の適用関係を分類すると図のようになる。

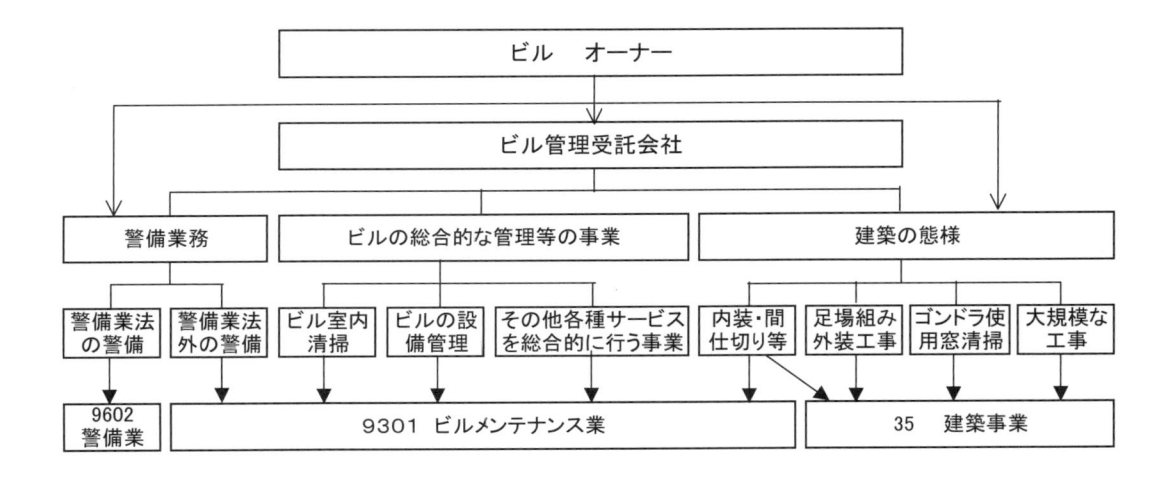

```
                    ビル オーナー
                         │
                  ビル管理受託会社
        ┌────────────┼────────────┐
     警備業務   ビルの総合的な管理等の事業   建築の態様
   ┌────┬────┐ ┌────┬────┬────┐ ┌────┬────┬────┬────┐
  警備   警備  ビル室内 ビルの  その他各種  内装・間 足場組み ゴンドラ 大規模な
  業法の  業法  清掃   設備   サービスを  仕切り等 外装工事 使用窓清掃 工事
  警備   外の警備      管理   総合的に行う事業
   │                              │
  9602              9301 ビルメンテナンス業          35 建築事業
  警備業
```

1　基本的には、ビルオーナーとビル管理会社との契約内容による。

ビル管理会社が建設業者で、建設工事の全部または一部を自ら施工する場合は、元請であり特に問題はない。

2　通常テナントの入退去時に行われる工事の、労災保険率の事業の種類の細目としては、「38　既設建築物設備工事業」であり、建具の取り付け、床張り、壁張り、間仕切り工事、電気の設備工事等である。

（1）ビル管理会社がこれらの工事をビルオーナーから請け負い（請負契約）、これを専門工事業者に下請させた場合。

　① ビル管理会社が元請として労災保険の成立が必要である。

　② 請負金額が政令で定める「軽微な建設工事」の金額に満たなければ、ビル管理会社は建設業の許可は不要である。

　③ 請負金額が政令で定める「軽微な建設工事」の金額以上であれば、ビル管理会社は建設業の許可は必要である。

　④ ビル管理会社が元請として、仕事の一部を自ら行う場合は、請負金額により主任技術者または監理技術者の配置が必要（建設業法）

　⑤ ビル管理会社が元請としての施工管理を自ら行わない場合は、一括下請負であり公共工事では建設業法違反。民間工事であれば発注者からの書面による同意が必要となる。

（2）ビル管理会社がこれらの工事をビルオーナーから請け負うのではなく、管理一式を委任されている場合は、ビル管理会社は、元請ではなくビルオーナーの代行という立場で「発注者」の立場である。

> **Q31** 当社は事務機器を販売する会社ですが発注者の事務所に設置まで行います。
>
> 事務機器を発注者の事務所に設置する場合、配線工事が主体の電気設備工事やパーテーション等部屋の間仕切りを行います。これらの工事は当社ではできないので専門工事会社に請け負わせています。この場合、当社が元請となり、労災保険に加入しなければなりませんか。当社は建設業許可はありません。専門工事会社は建設業許可が必要ですか。

(本書解説)

販売会社が工事に関して施工管理を行う場合は、特定元方事業者であり、原則的には労災保険に加入する必要がある。工事一件の請負代金の額が500万円以上であれば、元請として建設業許可が必要。

工事施工に関与しないか設計監理のみ行うものであれば、販売会社は発注者の位置にあると考えられる。

1 事務機器販売会社が事務機器を販売し、設置する際に発生する電気工事や間仕切り工事等、建設工事を他社に下請負させる場合、販売会社が工事の施工管理を行えば特定元方事業者であり、安全管理責任が発生し建設業許可が必要。しかし、工事施工に関与しないか設計監理だけしか行わないのであれば特定元方事業者ではないと考えられる(「設計監理及び施工管理」参照)。

2 労災保険は、基本的には元請が加入するが、設計監理のみ行う発注者でも、建設業許可がない事業場でも加入できる。

3 請負代金の額が500万円未満の「軽微な建設工事」の場合は、建設業許可は不要だが、500万円以上の場合は、建設業許可が必要(「軽微な建設工事」参照)。

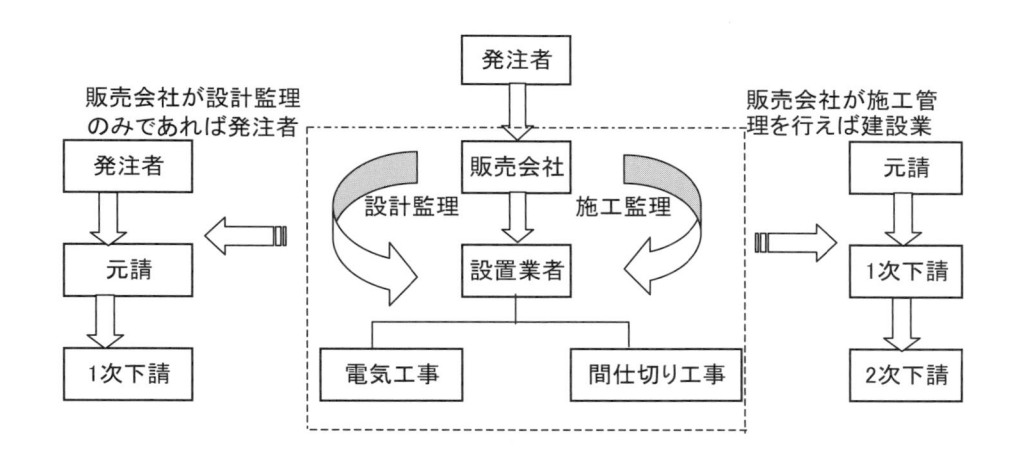

第4章
建設業法と労働安全衛生法・労働者派遣法等に関する相談事例 Q&A

```
                            発注者
                              ↓
販売会社が設計監理              販売会社              販売会社が施工管
のみであれば発注者      設計監理 ↓ 施工監理            理を行えば建設業
    発注者                    設置業者                    元請
      ↓        ←                                →         ↓
    元請                 電気工事  間仕切り工事          1次下請
      ↓                                                    ↓
   1次下請                                              2次下請
```

● 行政解釈 ●

[発注者等でも建設業に該当する場合]

　発注者等が、工事の施工管理を行う場合にも当該発注者等は、「特定事業を行うもの」に含まれるものであること。ただし、工事の設計監理のみを行っているにすぎない場合には、当該発注者は「特定事業を行うもの」に含まれないものであること。（昭47.9.18 基発第602号）

　「特定事業を行うもの」＝建設業と造船業　（労働安全衛生法15条・令7条）

　ただし、次のような例外の解釈例規がある。

　「住宅等を販売する事業主等が建売住宅事業に係る施工管理を行なっている場合においても、当該住宅等を販売する事業主等を発注者とすること。」（平21.3.9 基徴発第0309001号）

[施工管理・設計監理] とは

1　施工管理とは、工事の実施を管理することで、工程管理、作業管理、労務管理等の管理を総合的に行う業務をいい、通常総合工事業者が行っている業務がこれに該当するものであること。

2　設計監理とは、設計図、仕様書等の設計図書を作成し、工事が設計図書どおりに行われているかどうかを確認する業務をいい、通常設計事務所が行っている業務がこれに該当するものであること。（昭47.11.15 基発第725号）

> **Q32** 施工体制台帳の記載に関して
>
> 小規模の現場における、「安全衛生責任者」「安全衛生推進者」はその現場の安全衛生業務を担当するものの組織上の名称であり、労働安全衛生法で定められたものと異なっていると解釈してもよろしいと思います。従って、現場の規模に応じて自社の組織の名称を適用すればよいはずですが。
>
> （高知県建設業協会　相談事例集）

（回答　相談事例集）

「中規模建設工事現場における安全衛生管理の充実について」（基発第209号の2　H5.3.31）により中規模建設工事現場における安全衛生管理指針が出されており、おおむね労働者数10～49人規模の建設工事現場安全衛生体制の確立を求められています。安全衛生責任者等の記載については、これにより指導をしているものです。

まとめると、

1　労働者9人までの工事現場

「安全管理の責任者」の記載をする。

2　10人～49人規模の工事現場

「統括安全衛生責任者に準ずる者」及び「元方安全衛生管理者に準ずる者」または「店社安全衛生管理者に準ずる者」、「安全衛生責任者に準ずる者」（下請）のそれぞれ記載をする。

3　50人以上の工事現場

「統括安全衛生責任者」及び「元方安全衛生管理者」または「店社安全衛生管理者」、「安全衛生責任者」（下請）のそれぞれ記載をする（以上、ずい道・圧気・一定の橋梁の現場を除く）。

となります。

　なお、「安全衛生推進者」は労働者10名～49名の個別事業場において選任を義務づけられているものです。

（本書解説）

　「中規模建設工事現場における安全衛生管理の充実について」（基発第209号の2 H5.3.31）の統括安全衛生責任者に準ずる者等の職務は次のとおりである。

イ　統括安全衛生責任者に準ずる者は、4の（1）のイの（イ）の混在作業による労働災害を防止するために必要な事項について統括管理するものとする。

ロ　元方安全衛生管理者に準ずる者は、4の（1）のイの（イ）の混在作業による労働災害を防止するために必要な事項のうちの技術的事項を管理するものとする。

ハ　店社安全衛生管理者に準ずる者は、次の職務を行うものとする。

　（イ）建設工事現場において4の（1）のイの（イ）の混在作業による労働災害を防止するために必要な事項を担当する者に対して指導すること。

　（ロ）毎月1回以上当該建設工事現場を巡視すること。

　（ハ）当該建設工事の進捗状況を把握すること。

　（ニ）当該建設工事現場の協議組織に随時参加すること。

　（ホ）当該建設工事に係る仕事の工程に関する計画及び作業場所における機械、設備等の設置に関する計画を確認すること。

ニ　安全衛生責任者に準ずる者は、次の職務を行うものとする。

　（イ）統括安全衛生責任者に準ずる者との連絡及び統括安全衛生責任者に準ずる者から連絡を受けた事項の関係者への連絡を行うこと。

　（ロ）統括安全衛生責任者に準ずる者からの連絡事項の実施について管理すること。

　（ハ）請負人が作成する作業計画等について、統括安全衛生責任者に準ずる者と調整を行うこと。

(ニ) 混在作業による危険の有無を確認すること。
(ホ) 請負人が仕事の一部を後次の請負人に請け負わせる場合には、その請負人の安全衛生責任者に準ずる者と連絡調整を行うこと。

Q33 下請労働者の不安全行為に対する注意は指揮命令か。
下請労働者の不安全行動に対し、元請（注文主）が注意や指示することは、偽装請負との関係で指揮命令に該当するか。

（本書解説）

労働安全衛生法29条は、元方事業者に対し、関係請負人及びその労働者が関係法令に違反しないよう指導し、違反している事実を認めるときは、是正のための必要な指示を行うことを義務付けている。

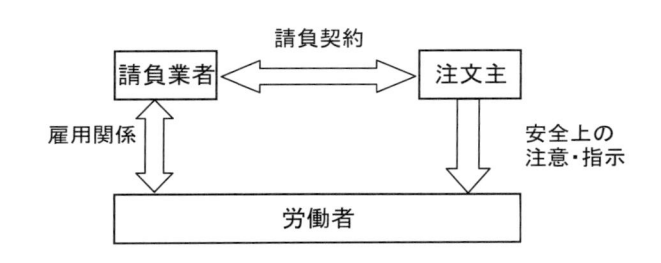

一般的には、作業指示と同様に安全についても、元請・注文主は下請責任者に是正指示をし、下請責任者から労働者に是正指示をすべきであろうが、緊急時において直接下請労働者に指示をしても問題はない。しかし、緊急時でなくても、下請の持ち込んだ機械・設備や下請労働者の不安全行動に対する注意や指示は、法29条が義務付けているので指揮命令には該当しないと考えるべきである。

第4章　建設業法と労働安全衛生法・労働者派遣法等に関する相談事例 Q&A

> **Q34**　１次下請の（主任技術）者が毎日１回現場に顔を出し、元請と打ち合わせをし、その結果を２次下請に伝えているが問題はないか。
> 　　　　　　　　　　　　　　　（関東整備局　問 8-19 類題）

（回答　関東整備局）

1　（建設業法関係…関東整備局回答）

　建設工事における施工体制において、１次下請が元請との打ち合わせの結果を２次下請に伝えるだけの行為を行っているだけでは、１次下請は当該工事に「実質的に関与」しているとは言いがたく、一括下請負に該当する可能性が高いと考えられます。

2　（労働者派遣法関係…「形式だけ責任者型」　労働局）

　現場に形式的に責任者を置いて、発注者の指示を個々の労働者に伝えるだけでは、発注者が指示しているのと同じ…偽装請負のパターン

> **Q35** 労働者派遣法では、元請が下請に対し積極的に関与すると偽装請負になりますが、建設業法では逆に下請に対し積極的に実質的関与を求めており、矛盾していませんか。
> 1　建設業法が求める「実質的な関与」が、労働者派遣法が禁止する下請に対し「指揮命令」に至ると、労働者派遣法違反となるか
> 2　「下請負人に対する技術指導、監督等」（建業法）のうち、監督等が「指揮命令」と認定されると労働者派遣法違反となるか

(本書解説)

　実質的な関与が下請の責任者になされ、下請労働者を直接指揮命令するものでなければ、労働者派遣法違反にはならない。

　建設業法は元請の「実質的な関与」を求め、労働者派遣法は元請の「過度の関与」を戒めており、矛盾するようにみえる。

　これは、建設業法は発注者の保護に重点を置き、労働者派遣法は労働者の保護に重点を置いている制度の違いからくるものであり、矛盾とまではいえない。

1　施工において「実質的な関与」とは

（1）元請人が自ら総合的に企画、調整及び指導（施工計画の総合的な企画、工事全体の的確な施工を確保するための工程管理及び安全管理、工事目的物、工事仮設物、工事使用材料等の品質管理、下請負人間の施工の調整、下請負人に対する技術指導、監督等）の全ての面において主体的な役割を果たしていることをいう。

（2）下請負人が再下請負する場合についても、下請負人自ら再下請負した専門工種部分に関し、総合的に企画、調整、指導を行うことをいう。

第4章
建設業法と労働安全衛生法・労働者派遣法等に関する相談事例 Q&A

2 建設業法が求める「実質的な関与」は、特に下請労働者に指揮命令を求めているのではなく、下請の社長や主任技術者、職長等責任を有する者に技術指導や監督指導をすれば足りる。

　したがって、「実質的な関与」が指揮命令という形で「下請労働者」に直接されると労働者派遣法違反となる可能性がある。

　しかし、技術指導・監督は必ずしも指揮命令に該当するものではないが、下請責任者（社長・主任技術者・職長等）を介せば労働者派遣法違反でないことは明確になる。

（1）建設業法による「実質的な関与」の図

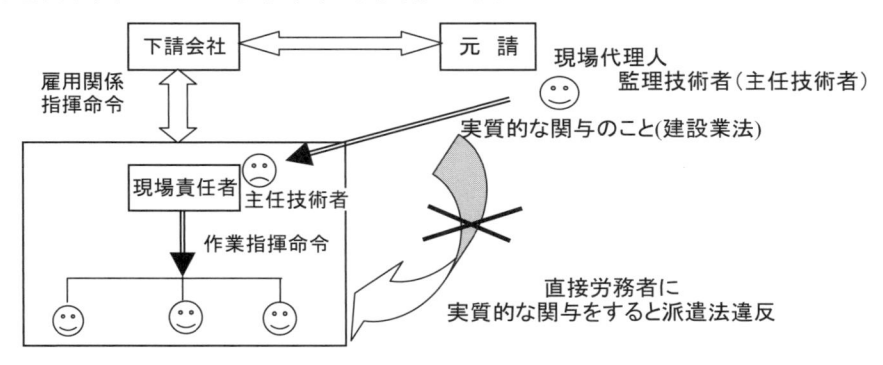

　建設業法では、いかなる請負金額でも請負系列ごとに主任技術者の配置を義務付けている。

　（元請については、下請契約の請負金額が 3,000 万円以上の場合は監理技術者）

（2）請負における適正な指揮命令の図

　労働者派遣法及び労働安全衛生法では、元請でも下請でも、建設業法が求める主任技術者・監理技術者の有資格者の配置を義務付けていない。しかるべき安全責任者であればよい。

```
下請会社 ←→ 元請        統括安全衛生責任者
                         元請社員
雇用関係                  ☺
指揮命令
   ↓
現場責任者  ← 作業指示
     ↓
  作業指揮命令           直接指示すると派遣法違反
  ☺ ☺ ☺
```

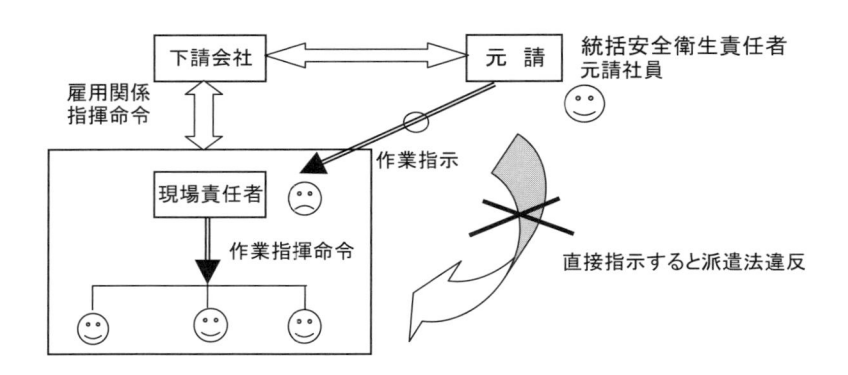

労働安全衛生法と一括下請負禁止について
元方事業者による建設現場安全管理指針（平7.4.21基発267号）

（抜粋）
2　過度の重層請負の改善
　　元方事業者は、作業間の連絡調整が適切に行われにくいこと、元方事業者による関係請負人の安全衛生指導が適切に行われにくいこと、後次の関係請負人において労働災害を防止するための経費が確保されにくくなること等の、労働災害防止問題を生じやすい過度の重層請負の改善を図るため、次の事項を遵守すると共に、関係請負人に対しても当該事項の遵守について指導すること。
（1）労働災害を防止するための事業者責任を遂行することができない単純労働者の労務提供のみを行う事業者等にその仕事の一部を請け負わせないこと。
（2）仕事の全部を一括して請け負わせないこと。

第5章

労働者派遣法などの質問

Q1 A社からB社への出向者を、B社の現場の統括安全衛生責任者に選任できるか。

(回答)

出向とは、出向元と何らかの地位的関係を保ちながら、出向先において新たな雇用関係に基づき相当期間継続的に勤務する形態である。

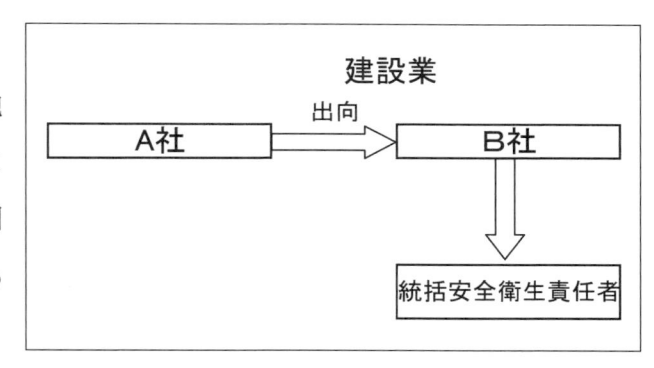

```
          建設業
         出向
  A社 ────────▶ B社
                 │
                 ▼
            統括安全衛生責任者
```

出向の種類やその理由は、①経営不振となった親会社がリストラ策の一環としてグループ会社・系列会社に送り出す場合や②人事交流、③技術の継承、④経営不振となった他企業から救済措置として受入れる等多種多様である。

出向の契約であっても、単なる人手不足対策や、出向先に雇用されることを目的に反復継続している場合は、労働者派遣法や職業安定法違反となる。

ちなみに、国土交通省の建設業の在籍出向に対する見解では、主任技術者及び監理技術者は配置できないが、移籍出向は配置できる。

A社とB社とが①～④の関係にあれば、統括安全衛生責任者の選任は可能である

が、その場合でも、出向先において新たな雇用関係が発生するのであるから、B社の辞令、B社の安全衛生教育の受講、資格の付与、就業規則の適用等、実際にB社の所属労働者と同程度の扱いが必要である。

さらに、Q3の「専属の者」の要件も必要となることに注意を要する。

Q2 安全管理者、衛生管理者、衛生推進者は、派遣労働者を選任できないか。

（回答）

安全管理者は選任できないが、衛生管理者、衛生推進者は、業種が「その他の事業」の場合は、下記通達のとおり可能である。

（基発第0331004号　平成18年3月31日）

規則第7条第3号のロに掲げる業種の事業場（その他の事業）の衛生管理者及び衛生推進者については、危険有害要因が少なく、派遣中の労働者であっても衛生管理に関して適切な措置を講じることができる場合は、派遣中の労働者であってもその事業場に「専属の者」に該当するものであること。

Q3 総括安全衛生管理者及び統括安全衛生責任者は、自社社員以外でも選任できるか（派遣労働者を選任できるか）。

（回答）

総括安全衛生管理者及び統括安全衛生責任者は、その事業場に「専属の者」の法規定はなく、「当該事業場においてその事業の実施を統括管理する者」（法10条2

項)、「当該場所においてその事業の実施を統括管理する者」(法15条2項)であればよい。

　この「事業の実施を統括管理する者」とは「作業所長等名称の如何を問わず、当該事業場における事業の実施について実質的に統括管理する権限及び責任を有する者をいうのであり、当該事業の業務が適切かつ円滑に実施されるような所要の措置を講じ、かつ、実施状況を監督する等当該業務について責任をもってとりまとめる権限を有する者」(昭和47.9.18基発第602号)とされている。現実に統括管理する責任と権限を有するものが選任配置されて、それが実行されていればよい。このことから、派遣労働者を選任可能とする考えもあり、実際には行われている。しかし、総括安全衛生管理者及び統括安全衛生責任者は、「事業の実施について、実質的に統括管理する権限及び責任を有する者」(行政解釈)である。この要件を充たす者は、派遣労働者では全く不可能であり、その事業場に「専属の者」が当然前提となっていると考えるのが妥当である。さらに、派遣先は派遣労働者を指名できないので、もし派遣労働者を選任できるとなると、派遣先は能力・経験等を十分把握しないで総括安全衛生管理者及び統括安全衛生責任者を選任し、その者に事業場及び現場を統括管理する権限及び責任を委ねることになる。

　これは安全衛生管理体制の低下をもたらす可能性が高い。このことからも派遣労働者を選任できないと考えるのが妥当である。

　総括安全衛生管理者及び統括安全衛生責任者に派遣労働者を選任した場合は、法10条及び法15条の違反となると考える。

　総括安全衛生管理者及び統括安全衛生責任者の選任が、法が要求している労働者数に達していない場合は、派遣労働者を選任した場合でも、未選任としては違反とはならない。

　しかし、法定・法定外いずれの場合も、総括安全衛生管理者及び統括安全衛生責任者はその事業場や現場においては、社長から施工管理及び労務安全管理等に関する一切の権限と義務を与えられている。つまり、その事業場や現場においては社長の代理人的立場にあると考えられる。総括安全衛生管理者及び統括安全衛生責任者

に派遣労働者等自社の社員以外の者が選任された場合、監督官が違反として指摘しないとしても、その会社の安全文化、経営者の安全意識を疑われることになる。もしその現場で重大な災害が発生し、派遣労働者の総括安全衛生管理者及び統括安全衛生責任者が実行行為者として送検される場合は、派遣先である元請事業場（法人）が両罰規定で同時に送検される。その際に、元請の安全文化や安全意識に関して、情状の面で厳しい意見が付記される可能性があろう。

Q4　二重出向が許されるか。

（回答）

出向とは、出向元と何らかの地位的関係を保ちながら、出向先において新たな雇用関係に基づき相当期間継続的に勤務する形態である。

したがって、この前提が崩れない限り、理論的には三重、四重の出向も可能ということになる。ただし、出向はかなり基本的な人事事項に属するので、二重出向、三重出向は避け、一旦出向元に復帰させてから、改めて出向を命ずるのが妥当である。

出向でも偽装出向とみなされ、労働者派遣となる可能性があることは、「10　出向との違い」（52ページ）を参照のこと。

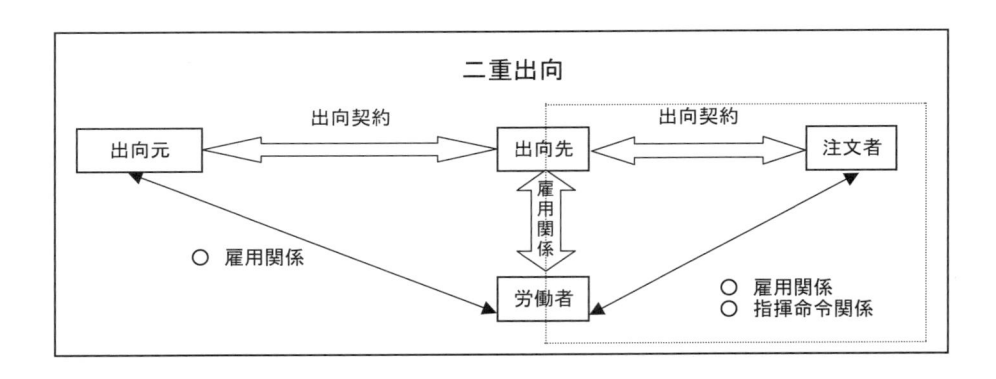

第5章
労働者派遣法などの質問

Q5 二重派遣が許されるか。違反は労働者派遣法違反か。

(回答)

　労働者派遣法による派遣の要件は、派遣元に雇用関係があり、派遣先に雇用関係がなく指揮命令関係のみあることにある。二重派遣の場合、派遣先が新たに派遣元になり、注文者が新たな派遣先となる。つまり、二重派遣を行うと、従来の派遣先が派遣元に転換する。

　労働者派遣法の要件により、労働者との間に雇用関係が成立することになる。この状況を従来の派遣元Aからみた場合、派遣先Bと労働者間に雇用関係が成立していることから、労働者派遣法違反ではなく、労働者供給事業とみられることになる。

　このことは、二重派遣と認定されると労働者供給事業とみなされ、労働者派遣法4条違反ではなく、職業安定法44条違反となり、罰則が強化されることを意味する。

　労働者派遣法では派遣元のみ処罰されるが、職業安定法違反では派遣先まで処罰対象となる。さらに注意すべきは、**図**の注文者も、この状態を知っていて指揮命令していた場合は、共犯（幇助・教唆）として処罰対象になる可能性がでてくる。

　つまり、派遣元にとっては大切な客である注文者に、法令違反を犯させることになることから、注意を要する。

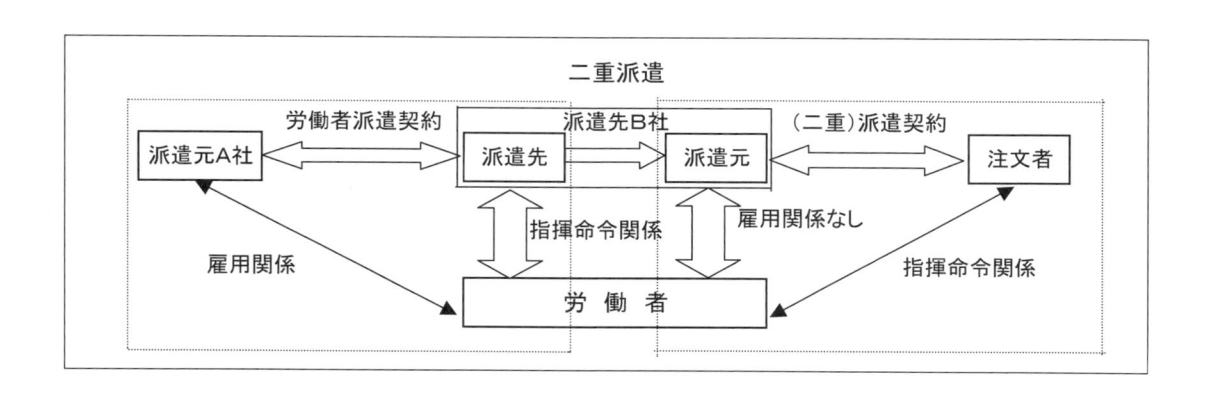

```
                        二重派遣
┌─────────────────────────────────────────────────────┐
│         労働者派遣契約    派遣先B社    (二重)派遣契約        │
│ 派遣元A社 ⇔       派遣先 → 派遣元      ⇔   注文者        │
│    ↓              ↕         ↕              ↑          │
│                指揮命令関係  雇用関係なし                  │
│  雇用関係                                指揮命令関係      │
│    ↓         労　働　者                   ↑           │
└─────────────────────────────────────────────────────┘
```

Q6 出向者を派遣できるか。

(回答)

　出向とは、出向元と何らかの地位的関係を保ちながら、出向先において新たな雇用関係に基づき相当期間継続的に勤務する形態である。

　出向先にも雇用関係が存在しておれば、出向先（雇用関係）→派遣元（雇用関係）の流れになり、理論的には労働者派遣事業としては成立することになる。

　したがって、出向者を派遣できることになり、労働者派遣法違反にはならない。

　しかし、出向と派遣はかなり基本的な人事事項に属するので、いずれも本人の同意が必要になる。

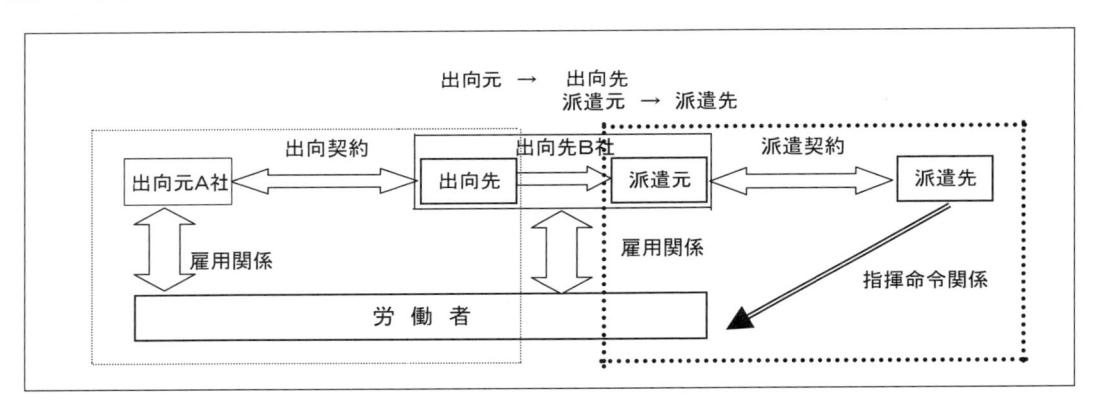

```
                    出向元　→　出向先
                    派遣元　→　派遣先
    ┌─────────────────────────┐ ┌─────────────────────────┐
    │   出向契約              │ │   派遣契約              │
    │ 出向元A社 ⇔ 出向先 → 派遣元 ⇔ 派遣先              │
    │   ↕雇用関係     ↕  雇用関係       ↘指揮命令関係  │
    │          労働者                                     │
    └─────────────────────────┘ └─────────────────────────┘
```

Q7 派遣労働者を出向させられるか。

(回答)

　派遣労働者を出向させられない。

　派遣労働者を出向にすると、二重派遣になる危険性がある。

第5章
労働者派遣法などの質問

　労働者派遣法による派遣の要件は、派遣元に雇用関係があるが、派遣先に雇用関係がなく指揮命令関係のみあることが前提である。一方、出向とは出向元及び出向先のいずれにも何らかの雇用関係がある場合である。派遣先が派遣労働者を他に出向させると、派遣先が新たに出向元になり、出向元に雇用関係がないことが問題となる。

　出向については、条文上の定義はなく、実務上はいろいろな形態があり複雑であるので、一概には違法とは言えないものがあると考えられる。

　しかし、出向にも偽装出向がみられる状況からすると、この出向が派遣と認定された場合には、同時に二重派遣と認定されることになる。

　つまり、派遣労働者を派遣先が出向させることは、労働者供給事業に認定される危険性があるということである。

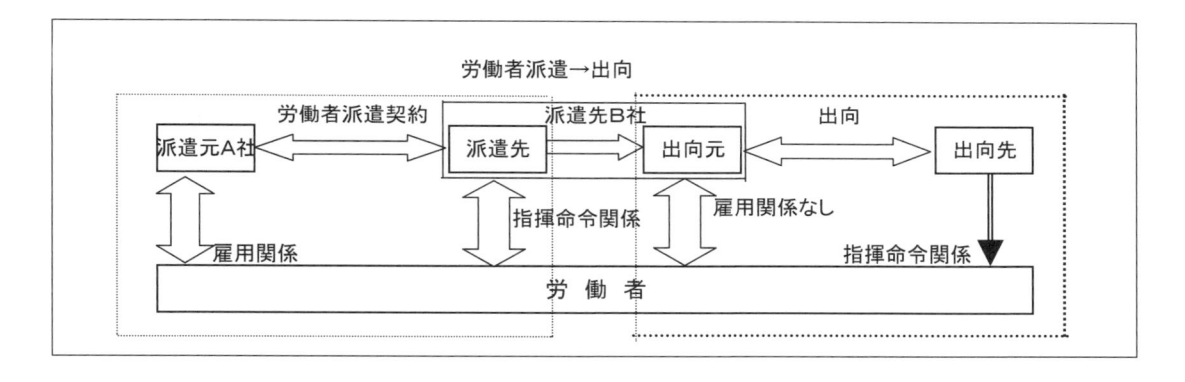

```
                      労働者派遣→出向
        労働者派遣契約        派遣先B社        出向
  派遣元A社 ←→  派遣先  ←→  出向元  ←→  出向先
      ↕        ↕         ↕
    雇用関係  指揮命令関係  雇用関係なし    指揮命令関係
  ────────────────────────────────
                   労　働　者
```

Q8　派遣労働者を指揮命令し、請負ができるか。

（回答）

　できる。ただし、**次図**に示すように、請負関係で注文者から指揮命令関係が発生すると、いわゆる偽装請負となる。つまり、二重派遣と認定されると労働者供給事業とみなされ、労働者派遣法4条違反ではなく、職業安定法44条違反となる（163

ページ参照)。

多くの製造業等では、設問のような問題をかかえており、緊急の見直しを行っている。

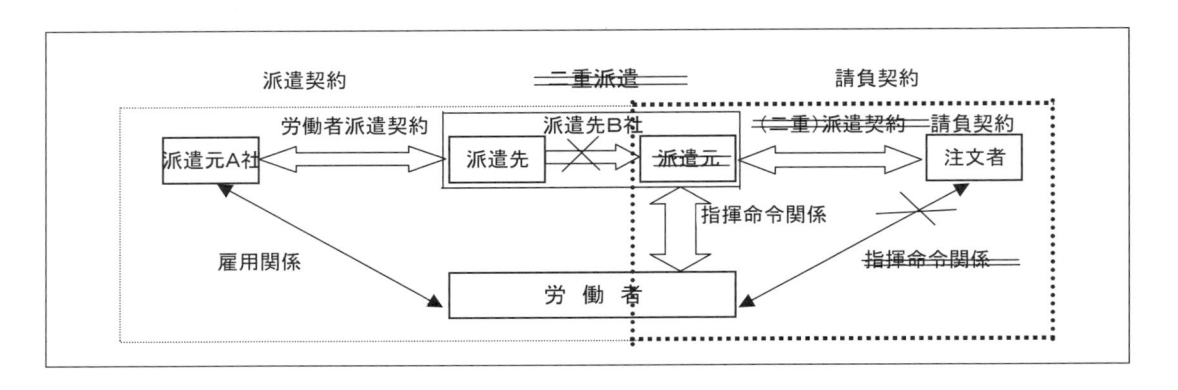

```
        派遣契約              二重派遣              請負契約
  ┌─────────────────┐  ┌─────────────────┐  ┌─────────────────┐
  │  派遣元A社 ⇔ 労働者派遣契約 ⇔ 派遣先  │×│ 派遣先B社 ⇔ (二重)派遣契約 ⇔ 派遣元 ⇔ 請負契約 ⇔ 注文者 │
  │      ↕                           ↕              ↕ 指揮命令関係    指揮命令関係 ×│
  │    雇用関係                    労  働  者                                        │
  └─────────────────────────────────────────────────────────────────────┘
```

> **Q9** 1次下請会社に酸素欠乏危険作業主任者がいるが、2次下請会社にいない場合に、2次下請会社に酸素欠乏危険作業主任者を選任していないとして労働基準監督官から是正勧告書を交付されたが、1次下請会社に酸素欠乏危険作業主任者がいればよいのではないか。

(回答)

酸欠作業主任者の職務に、「作業方法を決定し、労働者を指揮すること」とある。

酸欠作業を1次下請と2次下請が混在して作業する場合、作業指揮は1次下請の酸欠作業主任者から2次下請の酸欠作業主任者を通し、2次下請労働者に行う必要がある。

2次下請会社に酸素欠乏危険作業主任者がいないため、1次下請会社の酸欠作業主任者が2次下請労働者を指揮すれば、労働者派遣法に抵触する。

図の左側が適正であるが、右側は労働者派遣法に抵触するもので、作業主任者の選任がないものとみなされる。

第5章
労働者派遣法などの質問

　作業主任者の職務によっては、当該作業に1名おればよい場合もあるが、**次図の○印の乾燥設備、第一種圧力容器のうち化学設備以外、ボイラーの3作業主任者に限られている。**

　したがって、一般的に作業主任者の選任を必要とする危険有害な業務を重層的に混在して作業する場合には、系列ごとに作業主任者の選任が必要となり、設問のように選任がない場合は法違反となる可能性がある。

　しかし、1次下請の作業主任者が労働者派遣法違反であるが2次下請以降の労働者を的確に直接指揮していた場合、未選任のみを以って2次下請を処罰対象とすべきかは、慎重な検討を要する。

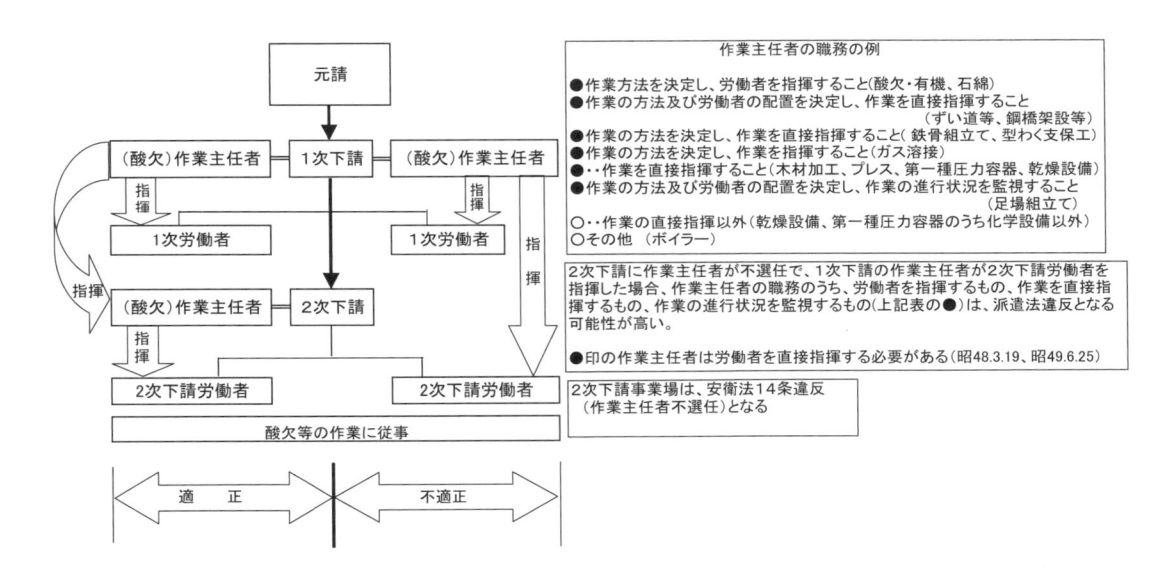

作業主任者の職務の例

- ●作業方法を決定し、労働者を指揮すること(酸欠・有機、石綿)
- ●作業の方法及び労働者の配置を決定し、作業を直接指揮すること（ずい道等、鋼橋架設等）
- ●作業の方法を決定し、作業を直接指揮すること(鉄骨組立て、型わく支保工)
- ●作業の方法を決定し、作業を指揮すること(ガス溶接)
- ●・・作業を直接指揮すること(木材加工、プレス、第一種圧力容器、乾燥設備)
- ●作業の方法及び労働者の配置を決定し、作業の進行状況を監視すること（足場組立て）
- ○・・作業の直接指揮以外（乾燥設備、第一種圧力容器のうち化学設備以外）
- ○その他（ボイラー）

2次下請に作業主任者が不選任で、1次下請の作業主任者が2次下請労働者を指揮した場合、作業主任者の職務のうち、労働者を指揮するもの、作業を直接指揮するもの、作業の進行状況を監視するもの(上記表の●)は、派遣法違反となる可能性が高い。

●印の作業主任者は労働者を直接指揮する必要がある(昭48.3.19、昭49.6.25)

2次下請事業場は、安衛法14条違反（作業主任者不選任）となる

> **Q10** 複数のメーカー・ソフトハウスが共同してソフトウェア開発を行う場合であって、共同企業体方式（ジョイントベンチャー・JV）で請負形式をとる場合に偽装請負になるか。
> 派遣形式の場合はどうか。

(回答)

1　JVの請負契約の形式による場合

　JVが民法上の組合（民法第667条）であるので、JV構成員であるソフトハウスB社、C社の社員を同じJV構成員であるメーカーA社の社員Bが指揮命令しても、それは通常「自己のために」（つまりJVのために）労働に従事させるものであり、「労働者派遣」には該当しない。労働者派遣は当該「他人のため」に労働に従事させることにあるが、メーカーA社の社員Bが指揮命令しても、メーカーA社のためではなく、JV全体のために行うものである。

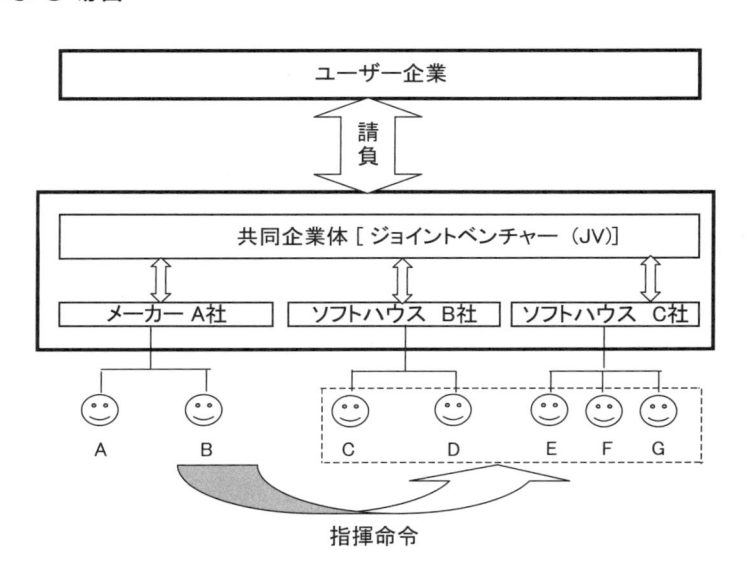

　ただし、労働者派遣事業関係業務取扱要領（厚生労働省）によれば、「業務の遂行に当たり、各構成員の労働者間において行われる次に掲げる指示その他の管理（・・・省略）が常に特定の構成員の労働者等から特定の構成員の労働者に対し一方的に行われるものではなく、各構成員の労働者が、各構成員間において対等の資格に基づき共同で業務を遂行している実態にあること。」とあり、メーカー

のBが特定の構成員の労働者に対し一方的に指揮命令が行われるものでないことが要件である。

右図は、偽装請負と認定される可能性が高い事例である。

2　JVによる労働者派遣事業の場合

JVは、数社が共同して業務を処理するために結成された民法上の組合（民法第667条）であるが、法人格を取得するものではなく、JV自身が構成員の労働者を雇用するという評価はできないため、JVの構成員の労働者を他人の指揮命令を受けて当該他人のための労働に従事させ、これに伴い派遣労働者の就業条件の整備等に関する措置を講ずるような労働者派遣事業を行う主体となることは不可能である。

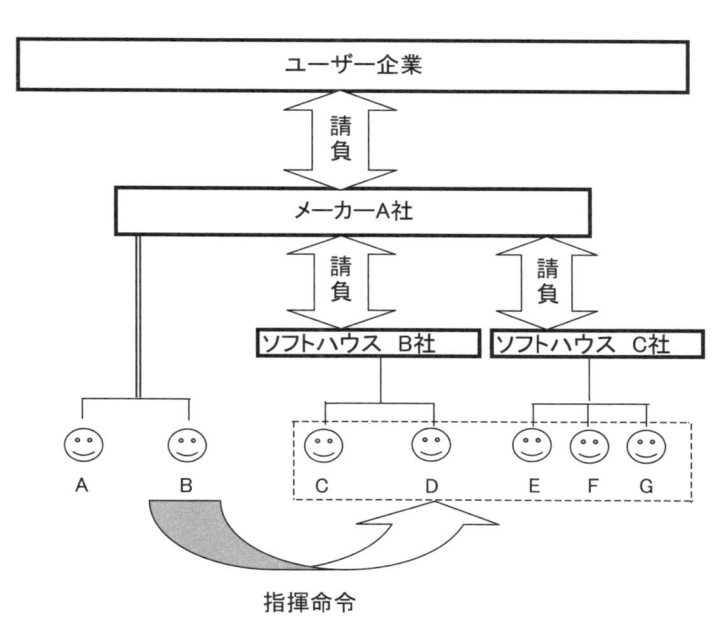

JVが請負契約の当事者となることはあっても、法第26条に規定する労働者派遣契約の当事者となることはない。

数社が共同で労働者派遣事業を行う場合にも、必ず個々の派遣元と派遣先との間でそれぞれ別個の労働者派遣契約が締結される必要があるが、この場合であっても、派遣元がその中から代表者を決めて、当該代表者が代表して派遣先に派遣料金の請求、受領及び財産管理等を行うことは、法において特段の問題は生じないものと考えられる。

次図のように特定の派遣元（メーカー／ソフトハウス）の労働者が特定の派遣元（A、B）の労働者に対し一方的に指揮命令を行うものであっても、派遣元（メーカー／ソフトハウス）の労働者は派遣先のために派遣先の業務の遂行として派遣元（A、B）の労働者に対して指揮命令を行っており、派遣元（A、B）の労働

者は、派遣先の指揮命令を受けて、派遣先のために労働に従事するものとなるから、ともに法第2条第1号の「労働者派遣」に該当し、法において特段の問題は生じない。

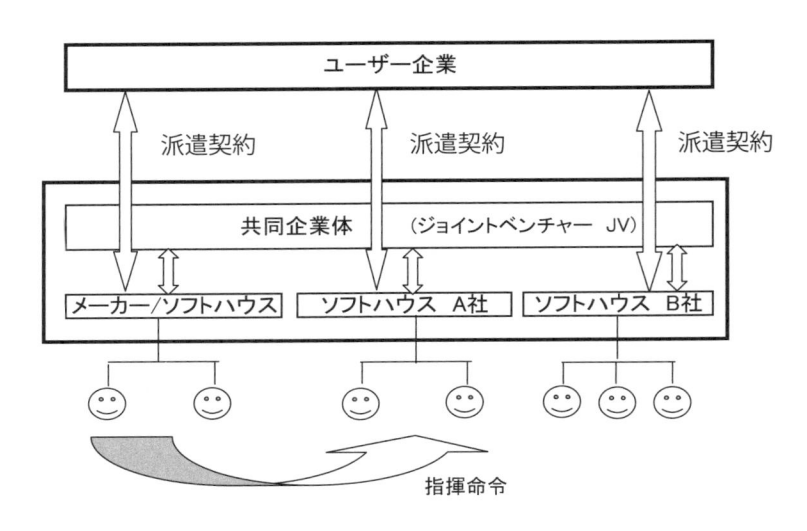

```
                    ユーザー企業
           ↑              ↑              ↑
         派遣契約         派遣契約         派遣契約
           ↓              ↓              ↓
     共同企業体    （ジョイントベンチャー　JV）
       ↕              ↕              ↕
  メーカー/ソフトハウス  ソフトハウス A社  ソフトハウス B社
     ☺   ☺           ☺   ☺          ☺  ☺  ☺
                                       指揮命令
```

労働者派遣事業関係業務取扱要領では、JV に法人格がないので、JV 自身が構成員の労働者を雇用できないことを前提にしており、JV が法人格がある場合については不可のようである。

Q11 業務委託は、請負とは異なるので、偽装請負の問題は生じないのではないか。

(回答)

請負は、ある仕事を完成することを約束し、その仕事の結果に対して報酬が支払われることにあるが、法律行為を委託（委任：民法第 643 条）し、法律行為以外の事務を委託（準委任：民法第 656 条）する委任の場合は、必ずしも業務の完成責任を負わない。

生命保険会社の外務員、警備業務やごみ焼却工場の運転委託業務が考えられる。

しかしながら、委任と称していても委任者と受任者の関係が使用従属関係であり、労働関係と認められる場合もある。業務委託は、委任（準委任）と考えられるが、労働者派遣事業と請負の区別においては、行政の立場は請負（準委任を含む）と考

えており、契約先から直接受任者の労働者に指揮命令があれば、「派遣」とみなされ偽装請負の問題が生ずる。

いずれにしても、自社と雇用関係のない労働者に対して指揮命令が出来るのは、現行法においては、労働者派遣だけである。

契約においては、請負契約と委任契約は異なり、それぞれ特徴があるがここでは触れない。

Q12 当社は個人事業主と請負契約(業務委託契約)を締結していますが、現場では元請から指揮命令を受けることがあります。これは偽装請負となりますか。

(回答)

1 個人事業主としては、情報処理産業のソフト開発者等の技術者、設計事務所の個人経営者等の技術者、建設業では大工・左官等の一人親方等が考えられる。

2 個人事業主は、労働者ではないので、労働保護関係法(労働基準法、労働安全衛生法、労災保険法等)の保護を受けられない。問題として表面化するのは個人事業主が仕事中に被災し労災保険の適用を申請した場合や報酬の支払いをめぐり賃金不払いとして申告する場合等がある。

　一人親方は、労災保険法上は個人事業主として特別加入をすれば労災保険の適用がある。

3 一方、労働者は、「使用者との使用従属関係の下に労務を提供し、その対価として使用者から賃金の支払いを受ける者」である。「元請が下請労働者を指揮命令すると、そこに元請との使用従属関係が発生し、黙示の労働契約が発生する」(36ページ)ことは、従来からの通説・判例であり、監督署の方針である。

4 発注者・元請が個人事業主に対し指揮命令をすると、次のような説が考えられる。

① 発注者・元請と個人事業主の間で使用従属関係が発生する説
② 下請と個人事業主の間で使用従属関係が発生する説

　本書66ページの事例では②の説を監督署は採用している。

　労働者性の判断は、214ページの「労働者性の判断基準」を参考に監督署が行うが、使用従属関係が認められると、基本的には指揮命令した事業場の労働者扱いとなる。しかし、Q12の事例では②の説とし、派遣法を適用し発注者・元請が派遣先になると考える。

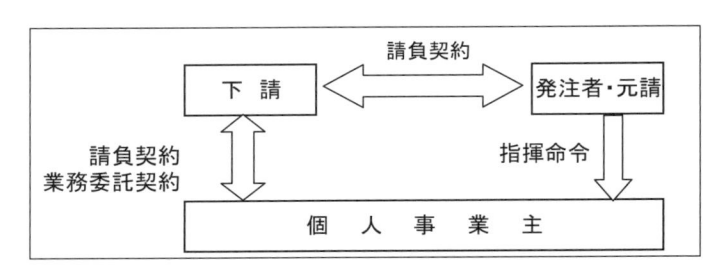

5　筆者が製造業の個人事業主を労働者と認定した事例は、「偽装請負と事業主責任」（労働新聞社）13ページに掲載している。**上図**のような場合は、派遣的要素が強いので、個人事業主と発注者・元請が雇用関係を締結するか、**下図**のように下請が派遣事業主となり、その間で雇用契約を結び派遣労働者となるのが妥当である。ただし、建設業においては、建設業務従事者は派遣契約ができないことに注意を要する。

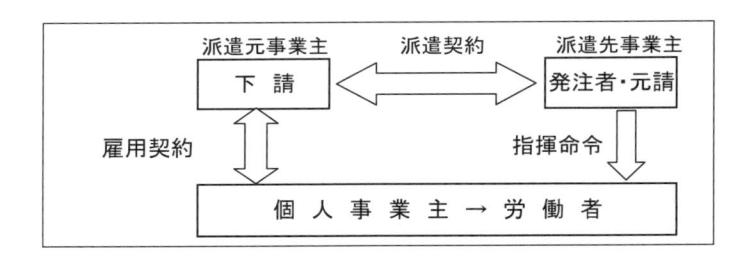

Q13　時間外協定届や労働者死傷病報告の「事業の種類」は、労働基準法の別表第1の事業か、労災保険の適用事業か。

（回答）

　日本標準産業分類の中分類により記入することになっているが、労災保険適用事業細目にしたがってもよい。管理事務を行う本社、支社等については、次の一般原

第5章
労働者派遣法などの質問

則による。

> **日本標準産業分類の一般原則**
>
> 　管理事務を行う本社、支社などの産業、同一経営主体の事業所のみを対象とした事業所及び持株会社といわれる事業所の産業は、次のように取り扱う。
> （1）主として管理事務を行う本社、支社、支所などの産業は、管理する全事業所を通じての主要な経済活動と同一とする。
> （2）略

Q14 建設業の本社や支店は、労働基準法、労働安全衛生法、労災保険法で適用業種が異なるのか。

（回答）

次の表のとおり。

建設業の本社や支店は、労働基準法上は「建設業」が適用され、時間外労働の限度時間は適用外となる。一方、労働安全衛生法上では、安全管理者の選任が必要となる。

本社・支店の業態	労働基準法	労働安全衛生法	労災保険法
経営・人事等の管理事務をもっぱら行っている場合	基本的には、日本標準産業分類の中分類を適用する。残業時間の限度時間は建設業を適用	その他の業種（安全管理者不要）	（9416）その他の各種事業（但し施工部署等があれば主たる業務で判断）
上記に施工管理部署や安全管理部署等が含まれている場合		建設業（安全管理者必要）	

> **Q15** 当社は、機械金属製造業であるが、当社工場内に電気機械設備の修理を専門とする下請業者が、修理作業員5名を常駐させている。
>
> この場合、不特定の設備を故障の都度行う修理の場合や特定設備の定期的・計画的な修理の場合がある。契約は請負契約となっているが、場合によっては、当社が下請作業員に対し直接作業指示を行うこともある。下請作業員がその仕事中に負傷した場合に労働者派遣法の関係で当社が事業者責任を問われるか。

(回答)

(1) 修理の程度や機械設備の複雑さによっては、契約先（元請）の技術支援が必要になる場合が多く、修理の時期、場所、修理内容、方法を決定するのが契約先（元請）であれば、下請作業員に対する指揮命令関係は、契約先（元請）に委譲されていると考えられ、その意味で契約先（元請）が下請作業員に対しては事業者となる。契約先（元請）の下請労働者に対する指揮命令の存在をもって労働者派遣法の適用をすれば、派遣先である契約先（元請）が労働安全衛生法上の責任を問われることになる。

(2) 特定設備の修理等で技術力をもち、修理の時期、場所、修理内容、方法等を下請業者自ら決定する能力がある場合で、その修理の具体的内容を作業員に指示して作業させるときは、その下請業者が事業者となる。契約先（元請）が現場で他の下請業者との連絡調整上の指示をし、技術指導や作業進行上の指図を行っても、それは一方では注文者としての指示及び指図でもあり、他方では下請業者に代わって指揮命令を代行することにもなる（この部分が労働者派遣法上の指揮命令との接点）が、このような場合には、契約先（元請）の指揮命令とはならない

と考えられる。
（3）請負であっても（1）と（2）の状態が繰り返される場合、つまり労働者派遣状態と正当な請負状態が交互に繰り返される場合には、その時点で事業者責任を判断すればよいと考えるが、実際に判断するには難しいものが予想される。

　行政解釈で、「労働者を指揮監督するとは、自己の責任において労働者を作業上及び身分上直接指揮監督することをいう。・・・」とあり、詳細は49ページを参照のこと。

> **Q16**
> 　Aは構内下請甲会社の労働者5名の中で、他の4名に比較して溶接作業の経験が長く、年齢も上であることからリーダー的な立場にある。
> 　Aが現場責任者として注文者からの作業指示を受け、それを他の4名の作業員に伝達すれば、注文者から下請労働者に直接指揮命令がない（偽装請負でない）といえるか。

（回答）

　「現場に責任者を置いているものの、その責任者は形式的で、発注者の指示を個々の労働者に伝えるだけであれば、発注者が指示をしているのと実態は同じものと考えられる。＜形式だけ責任者型＞」とする行政の見解があり、「経験が長く、年齢も上であることから、リーダー的な立場にある者」が現場責任者となり得るためには、形式的に責任者としての呼称があるか、責任者としての手当があるか、実質的にも他の4名に対して特段の指揮監督権限が事業者から付与されているか、請負った仕事を自分の仕事として、具体的な作業方法、時期、場所、内容を決定して行えるか等を総合的に判断する必要がある。

Q17 Q 16の場合に、Aがリーダー的立場で他の4名と一緒に業務として鉄骨屋根の修理工事（溶接作業）を行っている際に、墜落防止措置がない状態で1名が墜落死亡したとき、Aに現場責任者としての労働安全衛生法上の責任は問えるか。

労働安全衛生法と労働者派遣法との間で、下請現場責任者の条件に差はあるか。

(回答)

　小規模事業場では、このように現場責任者の定めをしないまま、指揮命令関係がない状態でグループや同格の者だけで危険有害作業を行う場合が多いが、安全管理上問題があるので、事業者はグループで作業を行わせる場合は、必ず作業責任者を指名し、その者に安全管理を行わせる必要がある。

　労働安全衛生法上の安全措置義務者は、「そのとき安全措置をすべき者が誰か」を特定すればよいので、Aが作業の責任者的な立場を自覚し、安全についても一応の指揮関係が認められ、甲会社の社長や他の4名がAを暗黙に責任者として了解しておれば、Aは安全措置義務を履行すべき地位にあるものと考えられる。このことから災害が発生した場合には、労働安全衛生法では、「そのとき安全措置をすべき者が誰か」、つまり措置義務者を積極的に特定することになる。

　これに反して、労働者派遣法との関係では下請の現場責任者は、実質的に作業員を指揮命令する権限を付与され、請負った仕事を自分の仕事として具体的な作業方法や、時期、場所、内容等を自ら決定する権限を付与されているか等を総合的に判断される。

　次の表のように労働者派遣法との関係でみると、請負を肯定するための現場責任者の条件が厳しいことになる。

第5章
労働者派遣法などの質問

	責任者として明確な指名がない場合・単に形式的に責任者の場合	現場責任者の権限
労働者派遣法との関係 請負としての現場責任者の地位	現場に責任者を置いているものの、その責任者は形式的で、発注者の指示を個々の労働者に伝えるだけであれば、発注者が指示をしているのと実態は同じものと考えられる。形式だけ責任者型は不可	実質的にも指揮監督権限が付与され、請負った仕事を自分の仕事として、具体的な作業方法、時期、場所、内容、を決定して行えるものでないと不可
労働安全衛生法との関係 現場責任者の地位	作業の責任者的な立場を自覚し、安全についても同僚に対して一応の指揮関係が認められ、事業場や同僚が暗黙に責任者として了解しておれば安全措置義務となり得る	形式的に責任者としての呼称があるか、責任者としての手当があるか、実質的にも指揮監督権限が付与されているか等総合的に判断

Q18 製造業A社の構内下請B社の労働者乙は、クレーンの無資格運転をしたところ、運転を誤り同僚丙の後頭部に荷を激突させ死亡させた。労働者乙に指揮命令を行っていた者が、B社の元請であるA社の職長の甲であったこと等の実態から、労働者派遣法が適用され、B社は派遣元、A社は派遣先として、A社職長甲と両罰規定でA社が送検対象となると考えられる。しかし、B社については、派遣元とされると労働安全衛生法の責任がないことになり、不公平ではないか。もし、B社の社長が当日は現場不在でも、数日前に労働者乙がクレーンの運転資格がないのに運転を行っているのを知っていた場合でも責任がないのか。

(回答)

　請負契約の内容、B社の経営規模や実態、現場責任者の有無及び労働者に対する作業指揮の実態、従来からの安全措置についての元請、下請間の分担や取り決め等について総合的に判断すべきであるが、実質上の指揮監督を行っていたのが、A社の職長甲であれば、労働者派遣法を適用すれば、A社が派遣先として事業者

責任を問われる。

しかし、労働者と直接雇用関係にある下請業者B社の社長についても、事業者として措置義務違反が成立するかという問題である。

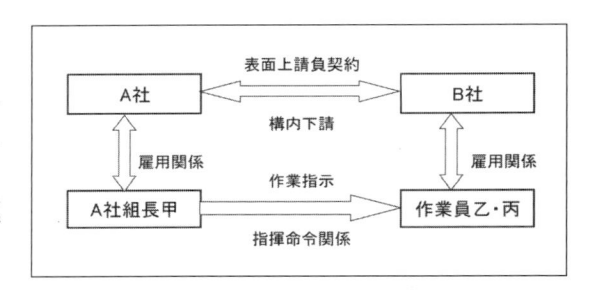

```
A社 ←―表面上請負契約―→ B社
 ↕          構内下請          ↕
雇用関係                    雇用関係
 ↕         作業指示           ↕
A社組長甲 ―――――――――→ 作業員乙・丙
           指揮命令関係
```

数次の請負関係において労働者に対する指揮監督権が重複する場合に、複数の事業者が同一の安全措置義務の義務主体となり得るかについては、労働者派遣法の施行前においても議論があった。

重複した場合には、

① いずれか一方の権限が優先し、他方の権限は消滅するとする考えでは、労働者に対する実質的な指揮命令権をもっている場合には、下請業者は指揮命令権を元請に委任・委譲しているので、下請業者の指揮命令権は名目的なものであり、下請は事業者ではないとする説。

② 下請も事業者として労働者を指揮命令する権限をもっているのであるから、それぞれの立場で安全措置義務を負うべきで、それが労働者保護の精神に沿うものであるとする説では、複数の事業者が事業者として成立する可能性があることになる。

この2つの説で質問を考えてみると、①説では、元請のみが事業者責任があり、下請はないことになる。②の説では、元請及び下請にそれぞれ事業者責任が成立することになる。

しかし、①では下請事業者が事業者としての措置義務と責任の意識を失い、または回避するという結果になり安全管理上疑問であり、②の説が妥当と考えられるが、実務上は労働者派遣法を適用して派遣元の責任を不問にしている例が多いようである。

労働者派遣法を適用しない従来の考え方でも、元請の責任を優先した場合は、下請は不起訴（起訴猶予・嫌疑不十分）になる可能性がある（検討課題89ページ）参照。

第 5 章
労働者派遣法などの質問

> 当社に派遣された派遣労働者を当社の製品の店頭販売・キャンペーンのため、デパートの売り場で働いてもらっている。
>
> **Q19**
>
> （1）当社の社員が不在のときは、客や他の店員の状況をみてデパート側から直接派遣労働者に休憩を指示されるが、問題はないか。
>
> （2）当社の仕事が早く終わった場合、デパート側から他社の製品の販売を派遣労働者に直接指示されることがあるが問題はないか。

（回答）

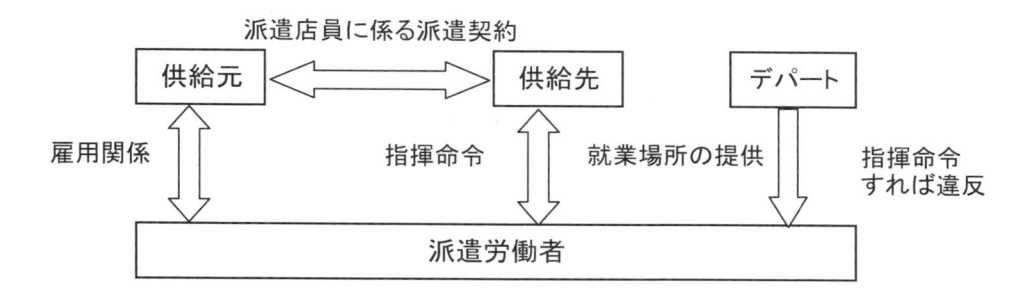

```
                派遣店員に係る派遣契約
        供給元 ←――――――――――→ 供給先      デパート
          ↕                      ↕            ↓
        雇用関係      指揮命令   就業場所の提供   指揮命令
                                              すれば違反
                      派遣労働者
```

（1）派遣労働者を他社の指揮命令を受けることは、基本的には二重派遣のおそれがある。

　しかし、休憩時間の指示は客や他の店員の状況からなされるもので、いつ休憩するかの連絡調整とも考えられる。基本的には派遣先の責任者をとおして派遣労働者に指示すべきであるが、このような連絡調整の場合は必ずしも指揮命令とはならない場合もある。

（2）前記（1）の場合と異なり（2）の場合は、派遣先のためでなくデパート（発注者）のために行うもので、基本的には二重派遣となる。

Q20 現場の安全担当者を下請から在籍出向させることはできますか。

（回答）

出向には次の要件が必要です。この要件を満たさない出向は違法です。

1 　出向元が、出向により利益を上げる業として行われていない出向か
2 　利益の有無に係わらず、
　（1）関係会社における雇用確保を目的としているか
　（2）技術指導の実施であるか
　（3）職業能力開発の一環として行われているか
　　　具体的な研修計画及び評価等がなされているか
　（4）企業グループの人事交流として行われているか

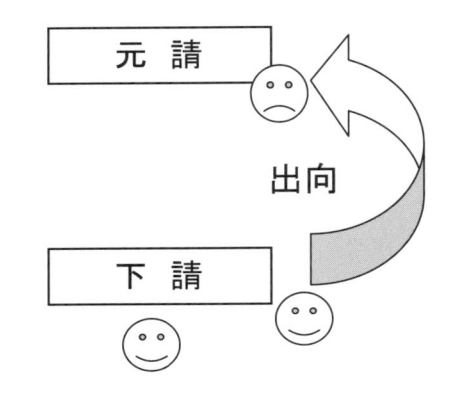

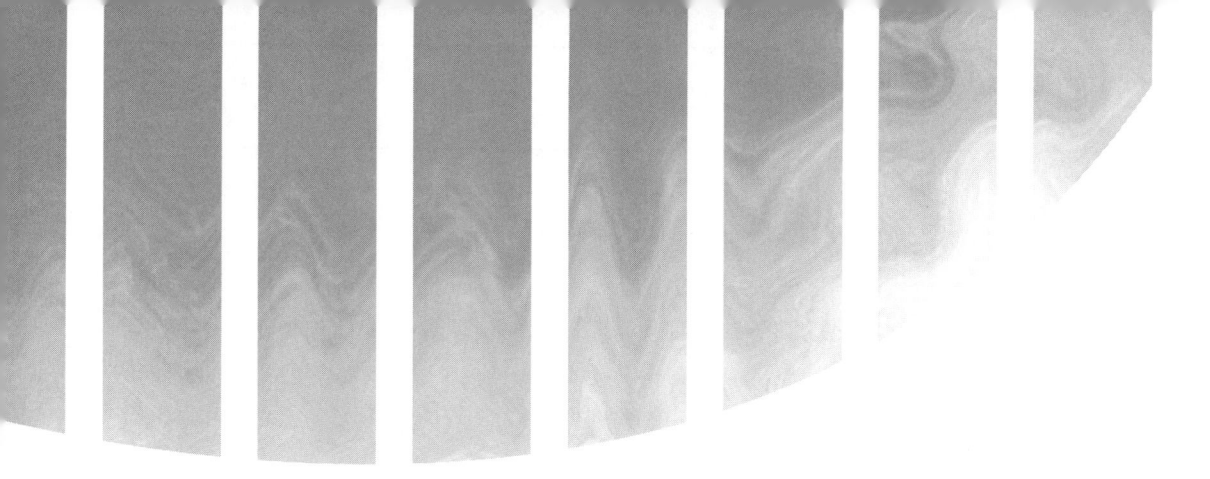

資 料

発注者・受注者間における建設業法令遵守ガイドライン

平成23年8月
国土交通省
土地・建設産業局　建設業課

目 次

- はじめに・・・・・・・・・・・・・・・・・・・・・・・・・・・・182
- 1．見積条件の提示（建設業法第20条第3項）・・・・・・・・・・・184
- 2．書面による契約締結
    - 2－1　当初契約（建設業法第19条第1項、第19条の3）・・・・・186
    - 2－2　追加工事等に伴う追加・変更契約
        （建設業法第19条第2項、第19条の3）・・・・・・・190
    - 2－3　工期変更に伴う変更契約
        （建設業法第19条第2項、第19条の3）・・・・・・・192
- 3．不当に低い発注金額（建設業法第19条の3）・・・・・・・・・・194
- 4．指値発注（建設業法第19条第1項、第19条の3、第20条第3項）・・・196
- 5．不当な使用資材等の購入強制（建設業法第19条の4）・・・・・・198
- 6．やり直し工事（建設業法第19条第2項、第19条の3）・・・・・・200
- 7．支払（建設業法第24条の5）・・・・・・・・・・・・・・・・・201
- 8．関係法令
    - 8－1　独占禁止法との関係について・・・・・・・・・・・・203
    - 8－2　社会保険・労働保険について・・・・・・・・・・・・204

はじめに

　発注者と受注者との間の契約は建設生産システムのスタートとして位置付けられるものです。両者の間の契約の適正化を図ることは、元請下請間の契約を含め建設業における契約全体について当事者が対等な立場に立ってそれぞれの責任と役割の分担を明確化することを促進するとともに、適正な施工の確保にも資するものであり、ひいては発注者等の最終消費者の利益にもつながるものです。

　建設業法においては、契約当事者は、各々対等な立場における合意に基づいて、契約締結およびその履行を図るべきものとし、不当に低い請負代金の禁止、不当な使用資材等の購入強制の禁止など契約適正化のために契約当事者が遵守すべき最低限の義務等を定めていますが、これらの規定の趣旨が十分に認識されていない場合等においては、法令遵守が徹底されず、建設業の健全な発展と建設工事の適正な施工を妨げるおそれがあります。法令遵守は、受発注者双方が徹底を図らなければならないものです。

　こうした観点から、公共工事、民間工事にかかわらず、発注者と受注者との間で行われる請負契約の締結やその履行に関し、法律の不知等による法令違反行為を防ぎ、発注者と受注者との対等な関係の構築および公正・透明な取引の実現を図るための対策として、受発注者間の建設業法令遵守ガイドラインの早期策定およびその活用の必要性が指摘され、平成23年6月に建設産業戦略会議がとりまとめた「建設産業の再生と発展のための方策2011」においてもその旨が盛り込まれたところです。

　これを受け、今般、発注者と受注者との間の取引において、必ずしも十分に徹底されていない法条を中心に、建設業法に照らし、受発注者はどのような対応をとるべきか、また、どのような行為が不適切であるかを明示した「発注者・受注者間における建設業法令遵守ガイドライン」を策定しました。

　本ガイドラインの活用により、発注者と受注者との間の契約の適正化が促進されるとともに、元請下請間の契約の適正化を図るために平成19年6月に策定した「建設業法令遵守ガイドライン」も併せて活用することにより、建設業における契約全体の適正化が促進されることが期待されます。

（注1）本ガイドラインにおける用語の意義は、以下のとおり。

　　　　「発注者」とは、建設工事の最初の注文者（いわゆる「施主」）をいう。

　　　　「受注者」とは、発注者から直接工事を請け負った請負人をいう。

（注2）本ガイドラインは、公共工事および民間工事における発注者と受注者との間の取引全般を対象としているが、個人が発注する工事で専ら自ら利用する住宅や施設を目的物とするものに関する取引は含まない。

（注3）本ガイドラインは上記のとおり発注者と受注者との間の請負契約全般を対象としているが、公共工事については、入札契約手続が制度化されていることや、支払についての規定があること等、民間工事とは異なる点があることに留意し必要に応じ記述を加えている。

（注4）発注者の代理人が行った行為が、本ガイドラインに抵触する場合にも、発注者が責めを免れるものではない。

1．見積条件の提示（建設業法第20条第3項）

【建設業法上違反となるおそれがある行為事例】
① 発注者が不明確な工事内容の提示等、曖昧な見積条件により受注予定者に見積りを依頼した場合
② 発注者が受注予定者から工事内容等の見積条件に関する質問を受けた際、発注者が未回答あるいは曖昧な回答をした場合

【建設業法上違反となる行為事例】
③ 発注者が予定価格1億円の請負契約を締結しようとする際、見積期間を1週間として受注予定者に見積りを行わせた場合

上記①および②のケースは、いずれも建設業法第20条第3項に違反するおそれがあり、③のケースは同項に違反する。

建設業法第20条第3項では、発注者は、建設工事の請負契約を締結する前に、下記（1）に示す具体的内容を受注予定者に提示し、その後、受注予定者が当該工事の見積りをするために必要な一定の期間を設けることが義務付けられている。これは、請負契約が適正に締結されるためには、発注者が受注予定者に対し、あらかじめ、契約の内容となるべき重要な事項を提示し、適正な見積期間を設け、見積落し等の問題が生じないよう検討する期間を確保し、受注予定者が請負代金の額の計算その他請負契約の締結に関する判断を行うことが可能となることが必要であることを踏まえたものである。

（1）見積りに当たっては工事の具体的内容を提示することが必要

建設業法第20条第3項により、発注者が受注予定者に対して提示しなければならない具体的内容は、同法第19条により請負契約書に記載することが義務付けられている事項（工事内容、工事着手および工事完成の時期、前金払または出来形部分に対する支払の時期および方法等（186ページ「2－1　当初契約」参照））のうち、請負代金の額を除くすべての事項となる。

見積りを適正に行うという建設業法第20条第3項の趣旨に照らすと、例えば、上記のうち「工事内容」に関し、発注者が最低限明示すべき事項としては、
① 工事名称
② 施工場所
③ 設計図書（数量等を含む）
④ 工事の責任施工範囲
⑤ 工事の全体工程

⑥　見積条件
⑦　施工環境、施工制約に関する事項

が挙げられ、発注者は、具体的内容が確定していない事項についてはその旨を明確に示さなければならない。施工条件が確定していないなどの正当な理由がないにもかかわらず、発注者が、受注予定者に対して、契約までの間に上記事項等に関し具体的な内容を提示しない場合には、建設業法第20条第3項に違反する。

（2）望ましくは、工事の内容を書面で提示し、作業内容を明確にすること

　発注者が受注予定者に見積りを依頼する際は、受注予定者に対し工事の具体的な内容について、口頭ではなく、書面によりその内容を示すことが望ましい。

（3）予定価格の額に応じて一定の見積期間を設けることが必要

　建設業法第20条第3項により、発注者は、以下のとおり受注予定者が見積りを行うために必要な一定の期間（下記ア〜ウ（建設業法施行令（昭和31年政令第273号）第6条））を設けなければならないこととされている。
ア　工事1件の予定価格が500万円に満たない工事については、1日以上
イ　工事1件の予定価格が500万円以上5,000万円に満たない工事については、10日以上
ウ　工事1件の予定価格が5,000万円以上の工事については、15日以上

　上記期間は、受注予定者に対する契約内容の提示から当該契約の締結または入札までの間に設けなければならない期間である。そのため、例えば、4月1日に契約内容の提示をした場合には、アに該当する場合は4月3日、イに該当する場合は4月12日、ウに該当する場合は4月17日以降に契約の締結または入札をしなければならない。ただし、やむを得ない事情があるときは、イおよびウの期間は、5日以内に限り短縮することができる。

　上記の見積期間は、受注予定者が見積りを行うための最短期間であり、より適正な見積が行われるようにするためには、とりわけ大型工事等において、発注者は、受注予定者に対し、余裕を持った十分な見積期間を設けることが望ましい。

　なお、国が一般競争入札により発注する公共工事については、予算決算および会計令（昭和22年勅令第165号）第74条の規定により入札期日の前日から起算して少なくとも10日前（急を要する場合には5日までに短縮可能）に公告しなければならないとされており、この期間が上記ア〜ウの見積期間とみなされる。

2．書面による契約締結

2－1　当初契約（建設業法第19条第1項、第19条の3）

> 【建設業法上違反となる行為事例】
> ①建設工事の発注に際し、書面による契約を行わなかった場合
> ②建設工事の発注に際し、建設業法第19条第1項の必要記載事項を満たさない契約書面を交付した場合
> ③建設工事の発注に際し、請負契約の締結前に建設業者に工事を着手させ、工事の施工途中または工事終了後に契約書面を相互に交付した場合

上記①～③のケースは、いずれも建設業法第19条第1項に違反する。

（1）契約は工事の着工前に書面により行うことが必要

　建設工事の請負契約の当事者である発注者と受注者は、対等な立場で契約すべきであり、建設業法第19条第1項により定められた下記（2）の①から⑭までの14の事項を書面に記載し、署名または記名押印をして相互に交付しなければならないこととなっている。
　契約書面の交付については、災害時等でやむを得ない場合を除き、原則として工事の着工前に行わなければならない。

（2）契約書面には建設業法で定める一定の事項を記載することが必要

　建設業法第19条第1項において、建設工事の請負契約の当事者に、契約の締結に際して契約内容を書面に記載し相互に交付すべきことを求めているのは、請負契約の明確性および正確性を担保し、紛争の発生を防止するためである。また、あらかじめ契約の内容を書面により明確にしておくことは、いわゆる請負契約の「片務性」の改善に資することともなり、極めて重要な意義がある。契約書面に記載しなければならない事項は、以下の①～⑭の事項である。特に、「①工事内容」については、受注者の責任施工範囲、施工条件等が具体的に記載されている必要があるので、○○工事一式といった曖昧な記載は避けるべきである。

① 工事内容
② 請負代金の額
③ 工事着手の時期および工事完成の時期
④ 請負代金の全部または一部の前金払または出来形部分に対する支払の定めをするときは、その支払の時期および方法
⑤ 当事者の一方から設計変更または工事着手の延期もしくは工事の全部もしくは一部

の中止の申出があった場合における工期の変更、請負代金の額の変更または損害の負担およびそれらの額の算定方法に関する定め
⑥　天災その他不可抗力による工期の変更または損害の負担およびその額の算定方法に関する定め
⑦　価格等（物価統制令（昭和21年勅令第118号）第2条に規定する価格等をいう。）の変動もしくは変更に基づく請負代金の額または工事内容の変更
⑧　工事の施工により第三者が損害を受けた場合における賠償金の負担に関する定め
⑨　発注者が工事に使用する資材を提供し、または建設機械その他の機械を貸与するときは、その内容および方法に関する定め
⑩　発注者が工事の全部または一部の完成を確認するための検査の時期および方法ならびに引渡しの時期
⑪　工事完成後における請負代金の支払の時期および方法
⑫　工事の目的物の瑕疵を担保すべき責任または当該責任の履行に関して講ずべき保証保険契約の締結その他の措置に関する定めをするときは、その内容
⑬　各当事者の履行の遅滞その他債務の不履行の場合における遅延利息、違約金その他の損害金
⑭　契約に関する紛争の解決方法

（3）電子契約によることも可能

　書面契約に代えて、電子契約も認められる。その場合でも、（2）①～⑭の事項を記載しなければならない。

（4）工期の設定時の留意事項

　建設工事の請負契約において、受注者が適正な施工を行うためには、施工内容に応じた適切な工期設定が必要である。発注者へ工事の目的物を引き渡す前に設備（空調、衛生、電気、昇降機等）の試運転などが必要な場合には、これらも含めた工期とする必要がある。

　工期が施工を行うために必要な期間よりも短ければ、手抜き工事、不良工事や公衆災害、労働災害等の発生につながる可能性がある。発注者および受注者は、当初契約の締結に当たって、十分に協議を行った上で、適正な工期を設定する必要がある。

　公共工事については、発注者が入札公告等において、契約に盛り込む予定の工期を明示することが一般的であるが、発注者においては、適正な予定工期を検討することが必要である。

　また、受注者の責めに帰すべき事由により、工期内に工事を完成することができない

場合における違約金の設定については、過大な額にならないよう設定することが必要である。

（5）短い工期にもかかわらず、通常の工期を前提とした請負代金の額で請負契約を締結することは、不当に低い請負代金の禁止に違反するおそれ

やむを得ず、通常の工期に比べて著しく短い工期で契約する場合には、工事を施工するために「通常必要と認められる原価」は、短い工期で工事を完成させることを前提として算定されるべきである。

発注者が、短い工期にもかかわらず、通常の工期を前提とした請負代金の額で請負契約を締結させることにより、請負代金の額がその工事を施工するために「通常必要と認められる原価」を下回る場合には、建設業法第19条の3に違反するおそれがある（194ページ「3．不当に低い発注金額」参照）。

（6）受注者に過度な義務や負担を課す片務的な内容による契約を行わないことが必要

建設業法第18条においては、「建設工事の請負契約の当事者は、各々の対等な立場における合意に基づいて公正な契約を締結し、信義に従って誠実にこれを履行しなければならない」と規定している。建設工事の請負契約の締結に当たっては、同条の趣旨を踏まえ、公共工事については、中央建設業審議会が作成する公共工事標準請負契約約款（以下「公共約款」という）に沿った契約が締結されている。民間工事においても、同審議会が作成する民間工事標準請負契約約款またはこれに沿った内容の約款※（以下「民間約款等」という）に沿った内容の契約書による契約を締結することが望ましい。

　※民間約款に沿った内容の約款として、民間（旧四会）連合協定工事請負契約約款がある。

民間工事の中には、民間約款等を大幅に修正した契約が締結されており、その修正内容が受注者に過大な義務を課す等、次のような片務的な内容となっている場合がある。

① 発注者の責めに帰すべき事由により生じた損害についても、受注者に負担させること
② 工事の施工に伴い通常避けることができない騒音等の第三者への損害についても、受注者に負担させること
③ 例えば、民法（明治29年法律第89号）や住宅の品質確保の促進等に関する法律（平成11年法律第81号）に定める期間を大幅に超えて、長期間の瑕疵担保期間を設けること
④ 過度なアフターサービス、例えば、経年劣化等に起因する不具合についてのアフターサービスなどを受注者に負担させること

また、契約外の事項である次のような業務を発注者が求めることも片務的な行為に該当すると考えられる。

⑤ 販売促進への協力など、工事請負契約の内容にない業務を受注者に無償で求めること
⑥ 設計図書と工事現場の状況が異なっていた場合に、設計変更の作業を受注者に無償で協力させること

このような、受注者に過度な義務や負担を課すなど、片務的な内容による契約や契約外の行為をさせることは、結果として建設業法第19条の3により禁止される不当に低い請負代金（194ページ「3．不当に低い発注金額」参照）による契約となる可能性があり、厳に慎むべきである。

（7）一定規模以上の解体工事等の場合は、契約書面に更に以下の事項の記載が必要

建設工事に係る資材の再資源化等に関する法律（平成12年法律第104号）第13条においては、一定規模（＊）以上の解体工事等に係る契約を行う場合に、以下の①から④までの4事項を書面に記載し、署名または記名押印をして相互に交付しなければならないこととされており、そのような工事に係る契約書面は上記（2）の①から⑭までの14事項に加え、以下の4事項の記載が必要となる。

① 分別解体等の方法
② 解体工事に要する費用
③ 再資源化等をするための施設の名称および所在地
④ 再資源化等に要する費用

＊「一定規模」とは、次のそれぞれの規模をいう

ア 建築物に係る解体工事……当該建築物（当該解体工事に係る部分に限る）の床面積の合計が80平方メートル

イ 建築物に係る新築または増築の工事……当該建築物（増築の工事にあっては、当該工事に係る部分に限る）の床面積の合計が500平方メートル

ウ 建築物に係る新築工事等（上記イを除く）……その請負代金の額が1億円

エ 建築物以外のものに係る解体工事または新築工事等……その請負代金の額が500万円

注 解体工事または新築工事等を二以上の契約に分割して請け負う場合においては、これを一の契約で請け負ったものとみなして、上記の「一定規模」に関する基準を適用する。ただし、正当な理由に基づいて契約を分割したときは、この限りでない。

2－2　追加工事等に伴う追加・変更契約（建設業法第19条第2項、第19条の3）

> 【建設業法上違反となる行為事例】
> ①追加工事または変更工事が発生したが、発注者が書面による契約変更を行わなかった場合
> ②追加工事または変更工事について、これらの工事に着手した後または工事が終了した後に書面により契約変更を行った場合

　上記①および②のケースは、いずれも建設業法第19条第2項に違反するほか、必要な増額を行わなかった場合には同法第19条の3に違反するおそれがある。

（1）追加工事等の着工前に書面による契約変更を行うことが必要

　建設業法第19条第2項では、請負契約の当事者は、追加工事または変更工事（工事の一時中止に伴う中止期間中の工事現場の維持、工事体制の縮小および工事の再開準備を含む。以下「追加工事等」という）の発生により当初の請負契約書（以下「当初契約書」という）に掲げる事項を変更するときは、その変更の内容を書面に記載し、署名または記名押印をして相互に交付しなければならないこととなっている。これは、当初契約書において契約内容を明定しても、その後の変更契約が口約束で行われれば、当該変更契約の明確性および正確性が担保されず、紛争を防止する観点からも望ましくないためであり、災害時等でやむを得ない場合を除き、原則として追加工事等の着工前に、契約変更を行うことが必要である。

　発注者および受注者が追加工事等に関する協議を円滑に行えるよう、建設工事の当初契約書において、建設業法第19条第1項第5号に掲げる事項（当事者の一方から設計変更等の申出があった場合における工期の変更、請負代金の額の変更または損害の負担およびそれらの額の算定方法に関する定め）について、できる限り具体的に定めておくことが望ましい。

　なお、追加・変更契約を行うべき事由およびその方法については、公共約款、民間約款等において規定しているほか、国土交通省等では、「工事請負契約における設計変更ガイドライン」や「工事一時中止に係るガイドライン」を策定している。

（2）追加工事等の内容が直ちに確定できない場合の対応

　工事状況により追加工事等の全体数量等の内容がその着工前の時点では確定できない等の理由により、追加工事等の依頼に際して、その都度追加・変更契約を締結することが不合理な場合は、発注者は、以下の事項を記載した書面を追加工事等の着工前に受注

者と取り交わすこととし、契約変更等の手続については、追加工事等の内容が確定した時点で遅滞なく行う必要がある。

① 受注者に追加工事等として施工を依頼する工事の具体的な作業内容
② 当該追加工事等が契約変更等の対象となることおよび契約変更等を行う時期
③ 追加工事等に係る契約単価の額

（3）追加工事等に要する費用を受注者に一方的に負担させることは、不当に低い請負代金の禁止に違反するおそれ

　追加・変更契約を行う場合には、追加工事等が発生した状況に応じ、当該追加工事等に係る費用について、発注者と受注者との間で十分協議を行い決定することが必要である。発注者が、受注者に一方的に費用を負担させたことにより、請負代金の額が当初契約工事および追加工事等を施工するために「通常必要と認められる原価」（194ページ「3．不当に低い発注金額」参照）に満たない金額となる場合には、受注者の当該発注者への取引依存度等の状況によっては、建設業法第19条の3の不当に低い請負代金の禁止に違反するおそれがある。

2-3　工期変更に伴う変更契約（建設業法第19条第2項、第19条の3）

> 【建設業法上違反となる行為事例】
> 　受注者の責めに帰すべき事由がないにもかかわらず、当初契約で定めた工期を短縮し、または延長せざるを得なくなり、また、これに伴って工事費用が増加したが、発注者が受注者からの協議に応じず、書面による契約変更を行わなかった場合

　上記のケースは、建設業法第19条第2項に違反するほか、必要な増額を行わなかった場合には同法第19条の3に違反するおそれがある。

　工期は、建設業法第19条第1項第3号により、建設工事の請負契約において定めなければならない項目となっている。建設工事の請負契約の当事者は、当初契約の締結に当たって適正な工期を設定すべきであり、また、受注者は工程管理を適正に行うなど、できる限り工期に変更が生じないよう努めるべきである。しかし、工事現場の状況により、やむを得ず工期を変更することが必要になる場合も多い。こうした場合において、工期の変更に係る請負契約の締結に関しても、書面によることが必要である。

　なお、工期の変更の原因となった工事の一時中止の期間中における現場維持、体制縮小または再開準備に要する費用については、追加工事が発生した場合と同様に書面で契約変更等を行うことが必要である（190ページ「2-2　追加工事等に伴う追加・変更契約」参照）。

（1）工期変更についても書面による契約変更が必要

　建設工事の請負契約において、工期に係る変更をする場合には、建設業法第19条第2項により、契約当事者である発注者および受注者は、原則として工期変更に係る工事の着工前にその変更の内容を書面に記載し、署名または記名押印をして相互に交付しなければならない。

　また、発注者および受注者が工期変更に関する協議を円滑に行えるよう、当初契約書において、建設業法第19条第1項第5号に掲げる事項（当事者の一方から工事着手の延期等の申出があった場合における工期の変更、請負代金の額の変更または損害の負担およびそれらの額の算定方法に関する定め）について、できる限り具体的に定めておくことが望ましい。

　なお、工期に係る変更の方法については、公共約款、民間約款等において規定しているほか、国土交通省等では、「工事請負契約における設計変更ガイドライン」や「工事一時中止に係るガイドライン」を策定している。

（2）工事に着手した後に工期が変更になった場合、変更後の工期が直ちに確定できない場合の対応

　工事に着手した後に工期が変更になった場合の契約変更等の手続については、変更後の工期が確定した時点で遅滞なく行うものとする。工期を変更する必要があると認めるに至ったが、変更後の工期の確定が直ちにできない場合には、発注者は、工期の変更が契約変更等の対象となることおよび契約変更等を行う時期を記載した書面を、工期を変更する必要があると認めた時点で受注者と取り交わすこととし、契約変更等の手続については、変更後の工期が確定した時点で遅滞なく行うものとする。

（3）工期の変更に伴う費用を受注者に一方的に負担させることは、不当に低い請負代金の禁止に違反するおそれ

　工期が変更になり、これに起因して工事の費用が増加した場合には、発注者と受注者とが工期変更の原因および増加費用の負担について、十分協議を行うことが必要であり、発注者の一方的な都合により受注者の申出に応じず、必要な変更契約を締結しない場合には、建設業法第19条第2項に違反する（190ページ「2－2　追加工事等に伴う追加・変更契約」参照）。

　また、発注者の責めに帰すべき事由により工期が変更になった場合に、発注者が、工期変更に起因する費用の増加分を受注者に一方的に負担させたことにより、請負代金の額が工事を施工するために「通常必要と認められる原価」（194ページ「3．不当に低い発注金額」参照）に満たない金額となるときには、受注者の当該発注者への取引依存度等の状況によっては、建設業法第19条の3の不当に低い請負代金の禁止に違反するおそれがある。

（4）追加工事等の発生に起因する工期変更の場合の対応

　工事現場においては、工期の変更のみが行われる場合のほか、追加工事等の発生に起因して工期の変更が行われる場合が多いが、追加工事等の発生が伴う場合には、（1）から（3）のほか、追加工事等に伴う追加・変更契約に関する記述が該当する（190ページ「2－2　追加工事等に伴う追加・変更契約」参照）。

3．不当に低い発注金額（建設業法第19条の3）

【建設業法上違反となるおそれがある行為事例】
①発注者が、自らの予算額のみを基準として、受注者との協議を行うことなく、受注者による見積額を大幅に下回る額で建設工事の請負契約を締結した場合
②発注者が、契約を締結しない場合には今後の取引において不利な取扱いをする可能性がある旨を示唆して、受注者との従来の取引価格を大幅に下回る額で、建設工事の請負契約を締結した場合
③発注者が、請負代金の増額に応じることなく、受注者に対し追加工事を施工させた場合
④発注者の責めに帰すべき事由により工期が変更になり、工事費用が増加したにもかかわらず、発注者が請負代金の増額に応じない場合
⑤発注者が、契約後に、取り決めた代金を一方的に減額した場合

上記のケースは、いずれも建設業法第19条の3に違反するおそれがある。

公共工事においては、発注者が直接工事費、共通仮設費、現場管理費および一般管理費等により積算した予定価格の範囲内で応札した者の中から受注者を決めるのが一般的であり、①および②のようなケースは生じにくいものと考える。しかし、発注者は、積算した金額（設計金額）からいわゆる歩切りをして予定価格を設定することや、歩切りした予定価格による入札手続の入札辞退者にペナルティを課すなどにより、歩切りをした予定価格の範囲内での入札を実質的に強いるようなことは、建設業法第19条の3に違反するおそれがあり、厳に慎む必要がある。

また、変更契約は、入札手続を経ることなく、相対で締結されることから、発注者が請負代金の増額に応じないなどのケースが生じるおそれがあり、同条違反とならないよう留意が必要である。

（1）「不当に低い請負代金の禁止」の定義

建設業法第19条の3の「不当に低い請負代金の禁止」とは、発注者が、自己の取引上の地位を不当に利用して、その注文した工事を施工するために通常必要と認められる原価に満たない金額を請負代金の額とする請負契約を受注者と締結することを禁止するものである。

発注者が、取引上の地位を不当に利用して、不当に低い請負代金による契約を強いた場合には、受注者が工事の施工方法、工程等について技術的に無理な手段、期間等の採用を強いられることとなり、手抜き工事、不良工事や公衆災害、労働災害等の発生につながる可能性もある。

（2）「自己の取引上の地位の不当利用」とは、取引上優越的な地位にある発注者が、受注者を経済的に不当に圧迫するような取引等を強いること

　建設業法第19条の3の「自己の取引上の地位を不当に利用して」とは、取引上優越的な地位にある発注者が、受注者の選定権等を背景に、受注者を経済的に不当に圧迫するような取引等を強いることをいう。

　ア　取引上の優越的な地位

　　　取引上優越的な地位にある場合とは、受注者にとって発注者との取引の継続が困難になることが受注者の事業経営上大きな支障を来すため、発注者が受注者にとって著しく不利益な要請を行っても、受注者がこれを受け入れざるを得ないような場合をいう。取引上優越的な地位に当たるか否かについては、受注者の発注者への取引依存度等により判断されることとなるため、例えば受注者にとって大口取引先に当たる発注者については、取引上優越的な地位に該当する蓋然性が高いと考えられる。

　イ　地位の不当利用

　　　発注者が、受注者の選定権等を背景に、受注者を経済的に不当に圧迫するような取引等を強いたか否かについては、請負代金の額の決定に当たり受注者と十分な協議が行われたかどうかといった対価の決定方法等により判断されるものであり、例えば受注者と十分な協議を行うことなく発注者が価格を一方的に決定し、当該価格による取引を強要する指値発注（196ページ「4．指値発注」参照）については、発注者による地位の不当利用に当たるものと考えられる。

（3）「通常必要と認められる原価」とは、工事を施工するために一般的に必要と認められる価格

　建設業法第19条の3の「通常必要と認められる原価」とは、当該工事の施工地域において当該工事を施工するために一般的に必要と認められる価格（直接工事費、共通仮設費および現場管理費よりなる間接工事費、一般管理費（利潤相当額は含まない）の合計額）をいい、具体的には、受注者の実行予算や下請先、資材業者等との取引状況、さらには当該施工区域における同種工事の請負代金額の実例等により判断することとなる。

（4）建設業法第19条の3は変更契約にも適用

　建設業法第19条の3により禁止される行為は、当初の契約の締結に際して、不当に低い請負代金を強いることに限られず、契約締結後、発注者が原価の上昇を伴うような工事内容や工期の変更をしたのに、それに見合った請負代金の増額を行わないことや、一方的に請負代金を減額したことにより原価を下回ることも含まれる。

　追加工事等を受注者の負担により一方的に施工させたことにより、請負代金の額が当

初契約工事および追加工事等を施工するために「通常必要と認められる原価」に満たない金額とならないよう、適正な追加・変更契約を行うことが必要である（190ページ「２－２　追加工事等に伴う追加・変更契約」参照）。

４．指値発注（建設業法第19条第１項、第19条の３、第20条第３項）

【建設業法上違反となるおそれがある行為事例】
①発注者が、自らの予算額のみを基準として、受注者と協議を行うことなく、一方的に請負代金の額を決定し、その額で請負契約を締結した場合
②発注者が、合理的根拠がないにもかかわらず、受注者の見積額を著しく下回る額で請負代金の額を一方的に決定し、その額で請負契約を締結した場合
③発注者が複数の建設業者から提出された見積金額のうち最も低い額を一方的に請負代金の額として決定し、当該見積の提出者以外の者とその額で請負契約を締結した場合

【建設業法上違反となる行為事例】
④発注者と受注者の間で請負代金の額に関する合意が得られていない段階で、受注者に工事に着手させ、工事の施工途中または工事終了後に発注者が受注者との協議に応じることなく請負代金の額を一方的に決定し、その額で請負契約を締結した場合
⑤発注者が、受注者が見積りを行うための期間を設けることなく、自らの予算額を受注者に提示し、請負契約締結の判断をその場で行わせ、その額で請負契約を締結した場合

　上記①から⑤のケースは、いずれも建設業法第19条の３に違反するおそれがある。また、④のケースは同法第19条第１項に違反し、⑤のケースは同法第20条第３項に違反する。
　指値発注とは、発注者が受注者との請負契約を交わす際、受注者と十分な協議をせず、または受注者との協議に応じることなく、発注者が一方的に決めた請負代金の額を受注者に提示（指値）し、その額で受注者に契約を締結させることをいう。指値発注は、建設業法第18条の建設工事の請負契約の原則（各々の対等な立場における合意に基づいて公正な契約を締結する）を没却するものである。
　公共工事においては、入札公告などから入札期日の前日まで一定の期間を設け、また、発注者が積算した予定価格の範囲内で応札した者の中から受注者を決めるのが一般的であり、当初契約時においては、①から⑤までのようなケースは生じにくいものと考える。しかし、発注者は、歩切りをして予定価格を設定することや、歩切りした予定価格による入札手続の入札辞退者にペナルティを課すなどにより、歩切りをした予定価格の範囲内での

入札を実質的に強いるようなことは、厳に慎む必要がある。また、変更契約は、入札手続を経ることなく、相対で締結されることから、発注者が請負代金の増額に応じないなどのケースが生じるおそれがあり、建設業法第19条の3違反とならないよう留意が必要である。

(1) 指値発注は建設業法に違反するおそれ

指値発注は、発注者としての取引上の地位の不当利用に当たるものと考えられ、請負代金の額がその工事を施工するために「通常必要と認められる原価」（194ページ「3．不当に低い発注金額」参照）に満たない金額となる場合には、受注者の当該発注者に対する取引依存度等の状況によっては、建設業法第19条の3の不当に低い請負代金の禁止に違反するおそれがある。

発注者が受注者に対して示した工期が、通常の工期に比べて著しく短い工期である場合には、工事を施工するために「通常必要と認められる原価」は、発注者が示した短い工期で工事を完成させることを前提として算定されるべきであり、発注者が通常の工期を前提とした請負代金の額で指値をした上で短い工期で工事を完成させることにより、請負代金の額がその工事を施工するために「通常必要と認められる原価」（194ページ「3．不当に低い発注金額」参照）を下回る場合には、建設業法第19条の3に違反するおそれがある。

また、発注者が受注者に対し、指値した額で請負契約を締結するか否かを判断する期間を与えることなく回答を求める行為については、建設業法第20条第3項の見積りを行うための一定期間の確保に違反する（184ページ「1．見積条件の提示」参照）。

更に、発注者と受注者との間において請負代金の額の合意が得られず、このことにより契約書面の取り交わしが行われていない段階で、発注者が受注者に対し工事の施工を強要し、その後に請負代金の額を発注者の指値により一方的に決定する行為は、建設業法第19条第1項に違反する（186ページ「2．書面による契約締結」参照）。

(2) 請負代金決定に当たっては、十分に協議を行うことが必要

建設工事の請負契約の締結に当たり、発注者が契約希望額を提示した場合には、自らが提示した額の積算根拠を明らかにして受注者と十分に協議を行うなど、一方的な指値発注により請負契約を締結することがないよう留意すべきである。

５．不当な使用材料等の購入強制（建設業法第19条の４）

【建設業法上違反となるおそれがある行為事例】
①請負契約の締結後に、発注者が受注者に対して、工事に使用する資材または機械器具等を指定し、あるいはその購入先を指定した結果、受注者が予定していた購入価格より高い価格で資材等を購入することとなった場合
②請負契約の締結後、当該契約に基づかないで発注者が指定した資材等を購入させたことにより、受注者が既に購入していた資材等を返却せざるを得なくなり金銭面および信用面における損害を受け、その結果、従来から継続的取引関係にあった販売店との取引関係が悪化した場合

上記①および②のケースは、いずれも建設業法第19条の４に違反するおそれがある。

（１）「不当な使用資材等の購入強制」の定義

建設業法第19条の４で禁止される「不当な使用資材等の購入強制」とは、請負契約の締結後に、発注者が、自己の取引上の地位を不当に利用して、受注者に使用資材もしくは機械器具またはこれらの購入先を指定し、これらを受注者に購入させて、その利益を害することである。

（２）建設業法第19条の４は、請負契約の締結後の行為が規制の対象

「不当な使用資材等の購入強制」が禁止されるのは、請負契約の締結後における行為に限られる。これは、発注者の希望するものを作るのが建設工事の請負契約であり、請負契約の締結に当たって、発注者が、自己の希望する資材等やその購入先を指定することは、当然想定し得る。発注者が請負契約締結前にこれを行ったとしても、受注者はそれに従って適正な見積りを行い、適正な請負代金で契約を締結することができるため、建設業法第19条の４の規定の対象とはならない。

（３）「自己の取引上の地位の不当利用」とは、取引上優越的な地位にある発注者が、受注者を経済的に不当に圧迫するような取引等を強いること

「自己の取引上の地位を不当に利用して」とは、取引上優越的な地位にある発注者が、受注者の選定権等を背景に、受注者を経済的に不当に圧迫するような取引等を強いることをいう（194ページ「３．不当に低い発注金額」参照）。

（4）「資材等又はこれらの購入先の指定」とは、商品名または販売会社を指定すること

「使用資材若しくは機械器具又はこれらの購入先を指定し、これらを購入させる」とは、発注者が工事の使用資材等について具体的に○○会社○○型というように会社名、商品名等を指定する場合または購入先となる販売会社等を指定する場合をいう。

（5）受注者の「利益を害する」とは、金銭面および信用面において損害を与えること

受注者の「利益を害する」とは、資材等を指定して購入させた結果、受注者が予定していた資材等の購入価格より高い価格で購入せざるを得なかった場合、あるいは、既に購入していた資材等を返却せざるを得なくなり、金銭面および信用面における損害を受け、その結果、従来から継続的取引関係にあった販売店との取引関係が極度に悪化した場合等をいう。

したがって、発注者が指定した資材等の価格の方が受注者が予定していた購入価格より安く、かつ、発注者の指定により資材の返却等の問題が生じない場合には、受注者の利益は害されたことにはならない。

（6）資材等の指定を行う場合には、見積条件として提示することが必要

使用資材等について購入先等の指定を行う場合には、発注者は、あらかじめ見積条件としてそれらの項目を提示する必要がある。

6．やり直し工事（建設業法第19条第2項、第19条の3）

> 【建設業法上違反となるおそれがある行為事例】
> 　発注者が、受注者の責めに帰すべき事由がないにもかかわらず、やり直し工事を行わせ、必要な変更契約を締結せずにその費用を一方的に受注者に負担させた場合

上記のケースは、建設業法第19条第2項、第19条の3に違反するおそれがある。

（1）やり直し工事を受注者に依頼する場合は、発注者と受注者が帰責事由や費用負担について十分協議することが必要

　発注者と受注者は、工事の施工に関し十分な協議を行い、工事のやり直し（手戻り）が発生しないよう努めることはもちろんであるが、発注者の指示や要求により、やむを得ず、工事の施工途中または施工後において、やり直し工事が発生する場合がある。やり直し工事が発生した場合には、発注者が受注者に対して一方的に費用を負担させることなく、発注者と受注者とが帰責事由や費用負担について十分協議することが必要である。

（2）受注者の責めに帰さないやり直し工事を依頼する場合は、契約変更が必要

　受注者の責めに帰すべき事由がないのに、工事の施工途中または施工後において、発注者が受注者に対して工事のやり直しを依頼する場合にあっては、発注者は速やかに受注者と十分に協議した上で契約変更を行う必要があり、発注者がこのような契約変更を行わず、当該やり直し工事を受注者に施工させた場合には、建設業法第19条第2項に違反する（190ページ「2－2　追加工事等に伴う追加・変更契約」参照）。

（3）やり直し工事の費用を受注者に一方的に負担させることは、不当に低い請負代金の禁止に違反するおそれ

　発注者の責めに帰すべき事由によりやり直し工事が必要になった場合に、発注者がやり直し工事に係る費用を一方的に受注者に負担させることによって、請負代金の額が当初契約工事およびやり直し工事を施工するために「通常必要と認められる原価」（194ページ「3．不当に低い発注金額」参照）に満たない金額となるときには、発注者と受注者との間の取引依存度等によっては、建設業法第19条の3の不当に低い請負代金の禁止に違反するおそれがある。

（4）受注者の責めに帰すべき事由がある場合とは、施工内容が契約書面に明示された内容と異なる場合や施工に瑕疵等がある場合

　受注者の責めに帰すべき事由があるため、受注者に全ての費用を負担させ、工事のやり直しを求めることができるケースとしては、施工が契約書面に明示された内容と異なる場合や施工に瑕疵等がある場合などが考えられる。

　次のような場合には、施工が契約書面と異なり、または瑕疵等があるとは認められず、発注者の責めに帰すべき事由がある場合に該当する。

　　ア　受注者から施工内容等を明確にするよう求めがあったにもかかわらず、発注者が正当な理由なく明確にせず、受注者に継続して作業を行わせたことにより、施工が発注者の意図と異なることとなった場合
　　イ　発注者の指示、あるいは了承した施工内容に基づき施工した場合において、工事の内容が契約内容と異なる場合

　なお、天災等により工事目的物が滅失し、工事の手戻り等が生じる場合があるが、発注者および受注者の双方の責めに帰すことができない不可抗力による損害の負担者については、民間約款等において、協議により重大と認めるものは発注者がこれを負担すると規定されている。

7．支払（建設業法第24条の5）

【望ましくない行為事例】
①請負契約に基づく工事目的物が完成し、引渡し終了後、発注者が受注者に対し、速やかに請負代金を支払わない場合
②発注者が、手形期間の長い手形により請負代金の支払を行った場合

　上記①および②のケースは、いずれも発注者が受注者による建設業法第24条の5違反の行為を誘発するおそれがあり、望ましくない。

（1）請負代金の支払時の留意事項

　請負代金については、発注者と受注者の合意により交わされた請負契約に基づいて適正に支払われなければならない。請負代金の支払方法については、原則として当事者間の取り決めにより自由に定めることができるが、本来は工事目的物の引渡しと請負代金の支払は同時履行の関係に立つものであり、民間約款等においても、その旨が規定されている。また、発注者から受注者への支払は、元請下請間の支払に大きな影響を及ぼす

ことから、少なくとも引渡し終了後できるだけ速やかに適正な支払を行うように定めることが求められる。

更に、実際には、特に長期工事の場合等、工事完成まで支払がなされないと、受注者および下請負人の工事に必要な資金が不足するおそれがあるため、民間工事標準請負契約約款の規定に沿って前払金制度あるいは部分払制度（いわゆる出来高払制度）を活用するなど、迅速かつ適正な支払を行うことが望ましい。

（2）目的物の引渡しを受けた場合には、できるだけ速やかに支払を行うこと

発注者は、請負契約に基づく目的物の引渡しを受けた場合、受注者に対し、請負契約において取り決められた請負代金の額を、できるだけ速やかに支払うことが望ましい。

建設業法第24条の5では、受注者が特定建設業者であり下請負人が資本金4,000万円未満の一般建設業者である場合、下請契約における下請代金の支払期日は、下請負人が引渡の申出を行った日から起算して50日以内と規定している。これは、発注者から受注者に工事代金の支払があるか否かにかかわらず適用される規定であるが、発注者の支払期日によっては建設業法に定めた元請下請間の支払に実質的な影響を与えかねないことから、発注者は、これらの元請下請間の下請代金の支払に関する規定も考慮し、できるだけ速やかに支払を行うことが望ましい。

国が発注する公共工事においては、政府契約の支払遅延防止等に関する法律（昭和24年法律第256号）に、検査、支払の時期が規定されており、同法に従って支払が行われている。国以外の公共発注者においても、それぞれが定めた検査や支払についての規則に従って行われているが、受注者からの工事完了の通知の速やかな受理や検査の適切な実施を含め、迅速な支払の確保に努めるべきである。

（3）長期手形を交付しない

建設業法第24条の5第3項では、受注者が特定建設業者であり下請負人が資本金4,000万円未満の一般建設業者である場合、下請代金の支払に当たって一般の金融機関による割引を受けることが困難であると認められる手形（例えば、手形期間が120日超の長期手形）を交付してはならないとされている。

発注者から受注者への支払方法は、元請下請間の支払に実質的な影響を与えかねないことから、発注者は、受注者に対する請負代金を手形で支払う場合にも、同条の趣旨を踏まえ、長期手形を交付することがないようにすることが望ましい。

8．関係法令

8－1　独占禁止法との関係について

　不当に低い発注金額や不当な使用資材等の購入強制については、建設業法第19条の3および第19条の4でこれを禁止しているが、これらの規定に違反する上記行為は、私的独占の禁止および公正取引の確保に関する法律（昭和22年法律第54号。以下「独占禁止法」という）第19条で禁止している不公正な取引方法の一類型である優越的な地位の濫用にも該当するおそれがある。優越的地位の濫用に関して、公正取引委員会は、平成22年11月30日、「優越的地位の濫用に関する独占禁止法上の考え方」（以下「考え方」という）を示している。

　この「考え方」のうち、本ガイドラインと関係のある主な部分は以下のとおりである。

① 「1．見積条件の提示」、「2－1　当初契約」、「2－2　追加工事等に伴う追加・変更契約」、「2－3　工期変更に伴う変更契約」および「3．不当に低い発注金額」に関しては、「考え方」第4の2（3）に掲げる「その他経済上の利益の提供の要請」、第4の3（4）に掲げる「減額」および第4の3（5）に掲げる「その他取引の相手方に不利益となる取引条件の設定等」

② 「4．指値発注」に関しては、「考え方」第4の3（5）アに掲げる「取引の対価の一方的決定」

③ 「5．不当な使用資材等の購入強制」に関しては、「考え方」第4の1に掲げる「購入・利用強制」

④ 「6．やり直し工事」に関しては、「考え方」第4の3（5）イに掲げる「やり直しの要請」

⑤ 「7．支払」に関しては、「考え方」第4の3（3）に掲げる「支払遅延」

　なお、発注者が独占禁止法第2条第1項に規定する事業者でない場合（公的発注機関の場合）には、建設業法第19条の5において、国土交通大臣または都道府県知事は、当該発注者が同法第19条の3（不当に低い請負代金の禁止）または第19条の4（不当な使用資材等の購入強制の禁止）の規定に違反している事実があり、特に必要があると認めるときは、当該発注者に対して必要な勧告をすることができると規定している。

8-2　社会保険・労働保険（法定福利費）について

　社会保険や労働保険は労働者が安心して働くために必要な制度であり、強制加入の方式がとられている。

　具体的には、健康保険と厚生年金保険については、法人の場合にはすべての事業所について、個人経営の場合でも常時5人以上の従業員を使用する限り、必ず加入手続を行わなければならず、また、雇用保険については、建設事業主の場合、個人経営か法人かにかかわらず、労働者を1人でも雇用する限り、必ず加入手続をとらなければならない。

　このため、受注者には、これらの保険料に係る費用負担が不可避となっている。

　これらの保険料にかかる受注者の費用は、労災保険料とともに受注者が義務的に負担しなければならない法定福利費であり、建設業法第19条の3に規定する「通常必要と認められる原価」に含まれるべきものである。

　このため、発注者および受注者は見積時から法定福利費を必要経費として適正に考慮すべきであり、法定福利費相当額を含まない金額で建設工事の請負契約を締結した場合には、発注者がこれらの保険への加入義務を定めた法令の違反を誘発するおそれがあるとともに、発注者が建設業法第19条の3に違反するおそれがある。

資 料

建設業の法令遵守のための情報収集窓口を開設

駆け込みホットライン
平成19年4月2日（月）より受付開始

「駆け込みホットライン」とは？
建設業法に違反している建設業者の情報を通報して頂く窓口です。

◆「駆け込みホットライン」は、各地方整備局等の建設業の許可行政部局に「建設業法令遵守推進本部」を設置し、本部内に通報窓口を開設します。

◆「駆け込みホットライン」に寄せられた情報のうち、法令違反の疑いがある建設業者には、必要に応じ立入検査等を実施し、違反行為があれば監督処分等により厳正に対応します。

全国共通 TEL. 0570-018-240（ナビダイヤル／NTTコミュニケーションズ NAVIDIAL／イハン ツウホウ）

受付時間／10:00～12:00　13:30～17:00（土日・祝祭日・閉庁日を除く）

- 元請・下請間の契約に関する法令違反（元請業者　請負契約　下請業者）
- 工事の施工現場に関する法令違反
- 虚偽の許可申請等の法令違反

法令違反情報 → **建設業法令遵守推進本部**

法令違反情報を通報された方に不利益が生じないよう十分注意して情報を取り扱います。

必要に応じて立入検査・報告徴収
法令に違反する行為があれば監督処分等により厳正に対応

「駆け込みホットライン」で受け付ける法令違反情報

※「駆け込みホットライン」は、主に国土交通大臣許可業者を対象に以下の建設業に係る法令違反行為の情報（通報）を受け付けます。

●元請業者と下請業者の間の請負契約上の法令違反

- 書面による契約を行わず口頭で契約を締結している
- 原価割れ受注を強要された
- 下請代金から合理的理由の無い経費を一方的に差し引いている
- 割引困難な長期手形を交付された
- 無許可業者と500万円以上の下請契約をしている
- 元請の一般許可業者が、下請業者と総額3,000万円（建築一式4,500万円）以上の請負契約を締結している　等

●工事の施工現場に関する法令違反

- 一括下請負が行われている
- 工事現場に必要な専任の監理技術者等が設置されていない
- 監理技術者等の名義貸しが行われている
- 施工体制台帳・施工体系図が作成されていない　等

●虚偽の許可申請・経営事項審査申請による法令違反

- 建設業の許可申請の際、虚偽の内容で建設業許可を取得している
- 変更届の際、虚偽の内容を提出している
- 経営事項審査申請の際、虚偽の内容で申請している　等

建設業法令遵守推進本部「駆け込みホットライン」

◆　通　報　先　◆

全国共通　TEL．（ナビダイヤル）0570-018-240
受付時間/10:00～12:00　13:30～17:00（土日・祝祭日・閉庁日を除く）

FAX．（ナビダイヤル）0570-018-241
ナビダイヤルの通話料は、発信者の負担となります。

E-mail．kakekomi-hl@mlit.go.jp

「駆け込みホットライン」への通報の仕方

通報にあたっては、建設業法令遵守推進本部が端緒情報として取り上げ、立入検査・報告徴収するかどうかの判断ができる次の事柄について、できる限り明らかに報告して頂くことが望まれます。

◆通報される方の氏名、住所
※通報された方に不利益が生じないよう十分注意しますので、できるだけ匿名は避けてください。

◆違反の疑いがある行為者の会社名、代表者名、所在地、建設業許可番号等

◆違反の疑いがある行為の具体的事実について次の事柄
　（ア）だれが、（イ）いつ、（ウ）どこで、（エ）いかなる方法で、（オ）何をしたか　等
なお、違反の疑いがある行為を証明するような資料等があれば、通報後に建設業法令遵守推進本部に提出（郵送・FAX可）してください。

資　料

　　　　　　　　　　　　　　　　　　　　　　　　　　　　　　　年　　月　　日

施工体制台帳（作成例）

［会社名］＿＿＿＿＿＿＿＿＿＿＿＿＿＿＿＿＿＿＿＿＿＿＿＿＿＿＿＿＿＿＿

［事業所名］＿＿＿＿＿＿＿＿＿＿＿＿＿＿＿＿＿＿＿＿＿＿＿＿＿＿＿＿＿＿

建設業の許可	許可業種		許可番号		許可（更新）年月日
	工事業	大臣 特定 知事 一般	第	号	年　月　日
	工事業	大臣 特定 知事 一般	第	号	年　月　日

工事名称及び工事内容	
発注者名及び住所	
工期	自　　年　　月　　日 至　　年　　月　　日	契約日	年　　月　　日

契約営業所	区分	名称	住所
	元請契約		
	下請契約		

健康保険等の加入状況	保険加入の有無	健康保険		厚生年金保険		雇用保険	
		加入　未加入 適用除外		加入　未加入 適用除外		加入　未加入 適用除外	
	事業所整理記号等	区分	営業所の名称	健康保険	厚生年金保険	雇用保険	
		元請契約					
		下請契約					

発注者の監督員名		権限及び意見申出方法	

監督員名		権限及び意見申出方法	
現場代理人名		権限及び意見申出方法	
監理技術者名 主任技術者名	専任 非専任	資格内容	
専門技術者名		専門技術者名	
資格内容		資格内容	
担当工事内容		担当工事内容	
外国人建設就労者の従事の状況（有無）	有　　無	外国人技能実習生の従事の状況（有無）	有　　無

207

《下請負人に関する事項》

会 社 名		代表者名	
住　　　所			
工事名称 及び 工事内容			
工　　期	自　　　年　　　月　　　日 至　　　年　　　月　　　日	契約日	年　　　月　　　日

建設業の 許　　可	施工に必要な許可業種	許　可　番　号		許可（更新）年月日
	工事業	大臣　特定 知事　一般	第　　　　　号	年　　月　　日
	工事業	大臣　特定 知事　一般	第　　　　　号	年　　月　　日

健康保険等 の加入状況	保険加入 の有無	健康保険	厚生年金保険	雇用保険
		加入　　未加入 適用除外	加入　　未加入 適用除外	加入　　未加入 適用除外
	事業所 整理記号等	営業所の名称	健康保険　厚生年金保険	雇用保険

現場代理人名		安全衛生責任者名	
権限及び 意見申出方法		安全衛生推進者名	
主任技術者名	専任 非専任	雇用管理責任者名	
資格内容		専門技術者名	
		資格内容	
		担当工事内容	

外国人建設就労者の 従事の状況(有無)	有　　　無	外国人技能実習生の 従事の状況(有無)	有　　　無

※施工体制台帳の添付書類（建設業法施行規則第14条の2第2項）

・発注者と作成建設業者の請負契約及び作成建設業者と下請負人の下請契約に係る当初契約及び変更契約の契約書面の写し（公共工事以外の建設工事について締結されるものに係るものは、請負代金の額に係る部分を除く）
・主任技術者又は監理技術者が主任技術者資格又は監理技術者資格を有する事を証する書面及び当該主任技術者又は監理技術者が作成建設業者に雇用期間を特に限定することなく雇用されている者であることを証する書面又はこれらの写し
・専門技術者をおく場合は、その者が主任技術者資格を有することを証する書面及びその者が作成建設業者に雇用期間を特に限定することなく雇用されている者であることを証する書面又はこれらの写し

資　料

年　月　日

再下請負通知書（作成例）

直近上位
注文者名　_____

【報告下請負業者】

住　　所　_____
　　　　　_____
　　　　　_____
会　社　名　_____
代表者名　_____

元請名称	

《自社に関する事項》

工事名称及び工事内容					
工　期	自　　年　　月　　日 至　　年　　月　　日		注文者との契約日	年　　月　　日	
建設業の許可	施工に必要な許可業種	許　可　番　号		許可（更新）年月日	
	工事業	大臣・知事　特定・一般	第　　　号	年　月　日	
	工事業	大臣・知事　特定・一般	第　　　号	年　月　日	

健康保険等の加入状況	保険加入の有無	健康保険	厚生年金保険	雇用保険
		加入　未加入　適用除外	加入　未加入　適用除外	加入　未加入　適用除外
	事業所整理記号等	営業所の名称	健康保険　厚生年金保険　雇用保険		

監督員名		安全衛生責任者名	
権限及び意見申出方法		安全衛生推進者名	
現場代理人名		雇用管理責任者名	
権限及び意見申出方法		専門技術者名	
主任技術者名	専任・非専任	資格内容	
資格内容		担当工事内容	

外国人建設就労者の従事の状況(有無)	有　　無	外国人技能実習生の従事の状況(有無)	有　　無

209

《再下請負関係》　　　　再下請負業者及び再下請負契約関係について次のとおり報告いたします。

会　社　名		代表者名	
住　　所 電話番号			
工事名称 及び 工事内容			
工　期	自　　年　　月　　日 至　　年　　月　　日	契約日	年　　月　　日

建設業の許可	施工に必要な許可業種	許　可　番　号	許可（更新）年月日
	工事業　大臣　特定 　　　　知事　一般	第　　　　号	年　　月　　日
	工事業　大臣　特定 　　　　知事　一般	第　　　　号	年　　月　　日

健康保険等 の加入状況	保険加入 の有無	健康保険	厚生年金保険	雇用保険
		加入　未加入 適用除外	加入　未加入 適用除外	加入　未加入 適用除外
	事業所 整理記号等	営業所の名称	健康保険	厚生年金保険	雇用保険

現場代理人名		安全衛生責任者名	
権限及び 意見申出方法		安全衛生推進者名	
主任技術者名	専　任 非専任	雇用管理責任者名	
資格内容		専門技術者名	
		資格内容	
		担当工事内容	

外国人建設就労者の 従事の状況（有無）	有　　　無	外国人技能実習生の 従事の状況（有無）	有　　　無

※再下請通知書の添付書類（建設業法施行規則第14条の4第3項）

・再下請通知人が再下請人と締結した当初契約及び変更契約の契約書面の写し（公共工事以外の建設工事について締結されるものに係るものは、請負代金の額に係る部分を除く）

資　料

部署名:＿＿＿＿＿＿＿＿＿＿

請負の適正化のための自主点検表

　区分基準（労働省（当時）告示第37号）を踏まえて、請負（業務委託を含む）が適正に行われているかのチェックポイント（目安）を示したものです。適正な請負のための大切な要件は「☆印」の2つの項目です。それを満たすためにさらに1～6の6つの項目があります。現場の実態に照らし合わせて点検をしてみましょう。

※発注者＝注文主、受託者＝請負事業者

☆　受託者の雇用する労働者の労働力を自ら直接利用すること

　適正な請負の要件として、まず下記の 1 ～ 3 の項目があります。具体的には、①業務の処理方法を発注者が介在せずに受託者が決めること、②労働者の勤怠管理を発注者が介在せずに受託者が行うこと、③現場への入退場や服装の規律についても受託者が決めることが必要です。

　□の項目を参考にしながら 1 ～ 3 を点検して下さい。（□の各項目に該当すれば適正といえるでしょう）

項　　目

（該当する項目□欄に、チェックしてみて下さい。）

1　労働者に対する業務の遂行方法に関する指示その他の管理を受託者自ら行っていますか？
- □　作業場における労働者の人数、配置、変更等の指示は全て受託者が行っている。
- □　労働者に対する仕事の割り当て、調整等の指示は全て受託者が行っている。
- □　労働者に対する業務の技術指導や指揮命令は全て受託者が行っている。
- □　受託者自らが作業スケジュールの作成や調整を行い労働者に指示をしている。
- □　欠勤等があった時の人員配置は、受託者が自ら指示，配置をしている。
- □　仕事の完成や業務の処理方法の教育、指導は受託者自ら行っている。
- □　作業者の個々の能力評価は受託者自らが行い、発注者に能力評価の資料等を提出することはない。
- □　発注者の許可、承認がなくても、受託者の労働者が職場離脱できる。

　　　　（但し、施設管理上、機密保持上の合理的理由がある場合は除く）
2　労働者の労働時間等に関する指示その他の管理を受託者自ら行っていますか？
　　□　受託者が労働者の①就業時間、休憩時間の決定、②残業、休日出勤の指示、③欠勤、遅刻、早退等の勤怠管理を行っている。
　　□　発注者の就業規則をそのまま使用したり、その適用を受けさせることはない。
　　□　発注者が作成するタイムカードや出勤簿をそのまま使用させていない。
　　□　発注者の個々の労働者の残業時間、深夜労働時間、休日労働日数の把握、確認、計算等を発注者が行うことはない。
3　企業における秩序の維持、確保等のための指示その他の管理を受託者自ら行っていますか？
　　□　発注者が作成した身分証明書、IDカード等を使用させていない。
　　　　（但し、施設管理上、機密保持上の合理的理由がある場合を除く）
　　□　発注者が直接受託者の個々の労働者の能力不足等の指摘をすることはない。
　　□　発注者が面接等を行い受託者の労働者を選定することはない。
　　□　発注者と同一の作業服（帽子を含む）を着用させていない。
　　　　（但し、施設管理上、機密保持上等の合理的理由がある場合、または有償による貸与は除く）
　　□　労働者の要員の指名、分担、配置等の決定は受託者が全て行っている。

☆ 請け負った業務を受託者の自己の業務として独立して処理していること

　適正な請負の要件として、さらに下記 4 〜 6 の項目があります。6 については、①業務の処理に必要な設備、機械等を受託者が用意するか有償で借りる、②発注者に無い受託者独自のノウハウ等を用いて業務を処理することのどちらかの要件が必要です。
　□の項目を参考にしながら、4 〜 6 を点検してください。（□の各項目に該当すれば適正といえるでしょう）

　　　　　　　　　　　　　　項　　　目

（該当する項目□欄にチェックしてみて下さい。）
4　業務の処理に必要な資金を全て受託者自らの責任において調達・支弁していますか？
　　□　必要になった旅費、交通費等をその都度発注者に請求させることはない。
　　□　原料、部品等を発注者が無償で提供していない。
　　□　出張交通費の実費を発注者の旅費規程によって請求、支払いすることはない。
5　業務の処理について、民法・商法その他の法律に規定された、事業主としての全ての責

任を受託者が負っていますか？
- ☐ 契約書に業務の処理につき受託者側に契約違反があった場合の損害賠償規定がある。
- ☐ 契約書に受託者の労働者の故意、過失による発注者または第三者への損害賠償規定がある。
- ☐ 労働安全衛生の確保、責任は受託者が負っている。

6 単に肉体的な労働力を提供させるものとはなっていませんか？
　　（単なる肉体的な労働力の提供では要件を満たしません）
- ☐ 処理すべき業務を、①受託者の調達する設備・機器・材料・資材を使用し処理している、または発注者が設備等を調達する場合は無償で使用させていない、②受託者独自の高度な技術・専門性等で処理をしている。（①②のどちらかに該当していること）
- ☐ 契約書に完成すべき仕事の内容、目的とする成果物、処理すべき業務の内容が明記されている。
- ☐ 労働者の欠勤、休暇、遅刻等による作業時間の減少等に応じて、請負代金の減額等が定められることになっていない。
- ☐ 請負代金は、｛労務単価×人数×日数または時間｝となっていない。
　　（但し、高度な技術・専門性が必要な場合を除く）

点検の結果はいかがでしたか？もし、該当していない項目があれば、適正な請負とは判断できない可能性があります。

　　　　　　　　　　　　　　　　　資料
　　　　　　　　　　　　　　　　　東京労働局　需給調整事業部　需給調整事業第二課

労働者性の判断基準

労働基準法研究会報告「労働基準法の『労働者』の判断基準について」
（昭 60. 12. 19）

1 「使用従属性」に関する判断基準
 （1）「指揮監督下の労働」に関する判断基準
　イ　仕事の依頼、業務従事の指示等に対する諾否の自由の有無
　　　「使用者」の具体的な仕事の依頼、業務従事の指示等に対して諾否の自由を有していれば、指揮監督関係を否定する重要な要素となる。
　　　これを拒否する自由を有しない場合は、一応、指揮監督関係を推認させる重要な要素となる。ただし、その場合には、その事実関係だけでなく、契約内容等も勘案する必要がある。
　ロ　業務遂行上の指揮監督の有無
　　①　業務の内容及び遂行方法に対する指揮命令の有無
　　　　業務の内容及び遂行方法について「使用者」の具体的な指揮命令を受けていることは、指揮監督関係の基本的かつ重要な要素である。しかし、通常注文者が行う程度の指示等にとどまる場合には、指揮監督を受けているとはいえない。
　　②　その他
　　　　「使用者」の命令、依頼等により通常予定されている業務以外の業務に従事することがある場合には、「使用者」の一般的な指揮監督を受けているとの判断を補強する重要な要素となる。
　ハ　拘束性の有無
　　　勤務場所及び勤務時間が指定され、管理されていることは、一般的には、指揮監督関係の基本的な要素である。しかし、業務の性質、安全を確保する必要等から必然的に勤務場所及び勤務時間が指定される場合があり、当該指定が業務の性質等によるものか、業務の遂行を指揮命令する必要によるものかを見極める必要がある。
　ニ　代替性の有無　—指揮監督関係の判断を補強する要素—
　　　本人に代わって他の者が労務を提供することが認められていること、また、本人が自らの判断によって補助者を使うことが認められていることなど、労務提供

の代替性が認められている場合には、指揮監督関係を否定する要素のひとつとなる。
(2) 報酬の労務対償性に関する判断基準
　　報酬が「賃金」であるか否かによって「使用従属性」を判断することはできないが、報酬が時間給を基礎として計算される等労働の結果による較差が少ない、欠勤した場合には応分の報酬が控除され、いわゆる残業をした場合には通常の報酬とは別の手当が支給される等報酬の性格が使用者の指揮監督のもとに一定時間労務を提供していることに対する対価と判断される場合には、「使用従属性」を補強することとなる。

2　「労働者性」の判断を補強する要素
(1) 事業者性の有無
　イ　機械、器具の負担関係
　　　本人が所有する機械、器具が著しく高価な場合には自らの計算と危険負担に基づいて事業経営を行う「事業者」としての性格が強く、「労働者性」を弱める要素となる。
　ロ　報酬の額
　　　報酬の額が当該企業において同様の業務に従事している正規従業員に比して著しく高額である場合には、当該報酬は、自らの計算と危険負担に基づいて事業経営を行う「事業者」に対する代金の支払いと認められ、その結果、「労働者性」を弱める要素となる。
　ハ　その他
　　　裁判例においては、業務遂行上の損害に対する責任を負う、独自の商号使用が認められている等の点を「事業者」としての性格を補強する要素としているものがある。
(2) 専属性の程度
　イ　他社の業務に従事することが制度上制約され、また、時間的余裕がなく事実上困難である場合には、専属性の程度が高く、いわゆる経済的に当該企業に従属していると考えられ、「労働者性」を補強する要素のひとつと考えて差し支えない。
　ロ　報酬に固定給部分がある、業務の配分等により事実上固定給となっている、その額も生計を維持し得る程度のものである等報酬に生活保障的な要素が強いと認められる場合には、「労働者性」を補強するものと考えて差し支えない。
(3) その他

裁判例においては、
①　採用、委託等の際の選考過程が正規従業員の採用の場合とほとんど同様であること
②　報酬について給与所得としての源泉徴収を行っていること
③　労働保険の適用対象としていること
④　服務規律を適用していること
⑤　退職金制度、福利厚生を適用していること
等「使用者」がその者を自らの労働者と認識していると推認される点を、「労働者性」を肯定する判断の補強事由とするものがある。

労働基準法等の適用

労 働 基 準 法

派 遣 元	派 遣 先
均等待遇	均等待遇
男女同一賃金の原則	
強制労働の禁止	強制労働の禁止
	公民権行使の保障
労働契約	
賃金	
１カ月単位の変形労働時間制、フレックスタイム制、１年単位の変形労働時間制の協定の締結・届出、時間外・休日労働の協定の締結・届出、事業場外労働に関する協定の締結・届出、専門業務型裁量労働制に関する協定の締結・届出	労働時間、休憩、休日
時間外・休日、深夜の割増賃金	
年次有給休暇	
最低年齢	
年少者の証明書	労働時間及び休日（年少者）
	深夜業（年少者）
	危険有害業務の就業制限（年少者及び妊産婦等）
	坑内労働の禁止（年少者及び女性）
帰郷旅費（年少者）	
産前産後の休業	
	産前産後の時間外、休日、深夜業
	育児時間
	生理日の就業が著しく困難な女性に対する措置
徒弟の弊害の排除	徒弟の弊害の排除
職業訓練に関する特例	
災害補償	
就業規則	
寄宿舎	
申告を理由とする不利益取扱禁止	申告を理由とする不利益取扱禁止
国の援助義務	国の援助義務
法令規則の周知義務	法令規則の周知義務（就業規則を除く。）
労働者名簿	
賃金台帳	
記録の保存	記録の保存
報告の義務	報告の義務

労 働 安 全 衛 生 法

派 遣 元	派 遣 先
職場における安全衛生を確保する事業者の責務	職場における安全衛生を確保する事業者の責務
事業者等の実施する労働災害の防止に関する措置に協力する労働者の責務	事業者等の実施する労働災害の防止に関する措置に協力する労働者の責務
労働災害防止計画の実施に係る厚生労働大臣の勧告等	労働災害防止計画の実施に係る厚生労働大臣の勧告等
総括安全衛生管理者の選任等	総括安全衛生管理者の選任等
	安全管理者の選任等
衛生管理者の選任等	衛生管理者の選任等
安全衛生推進者の選任等	安全衛生推進者の選任等
産業医の選任等	産業医の選任等
	作業主任者の選任等
	統括安全衛生責任者の選任等
	元方安全衛生管理者の選任等
	安全委員会
衛生委員会	衛生委員会
安全管理者等に対する教育等	安全管理者等に対する教育等
	労働者の危険又は健康障害を防止するための措置
	事業者の講ずべき措置
	労働者の遵守すべき事項
	元方事業者の講ずべき措置
	特定元方事業者の講ずべき措置
	定期自主検査
	化学物質の有害性の調査
安全衛生教育（雇入れ時、作業内容変更時）	安全衛生教育（作業内容変更時、危険有害業務就業時）
	職長教育
危険有害業務従事者に対する教育	危険有害業務従事者に対する教育
	就業制限
中高年齢者等についての配慮	中高年齢者等についての配慮
事業者が行う安全衛生教育に対する国の援助	事業者が行う安全衛生教育に対する国の援助
	作業環境を維持管理するよう努める義務
	作業環境測定
	作業環境測定の結果の評価等
	作業の管理
	作業時間の制限
健康診断（一般健康診断等、当該健康診断結果についての意見聴取）	健康診断（有害な業務に係る健康診断等、当該健康診断結果についての意見聴取）
健康診断（健康診断実施後の作業転換等の措置）	健康診断（健康診断実施後の作業転換等の措置）
一般健康診断の結果通知	

医師等による保健指導	
	病者の就業禁止
健康教育等	健康教育等
体育活動等についての便宜供与等	体育活動等についての便宜供与等
	安全衛生改善計画等
	機械等の設置、移転に係る計画の届出、審査等
申告を理由とする不利益取扱禁止	申告を理由とする不利益取扱禁止
	使用停止命令等
報告等	報告等
法令の周知	法令の周知
書類の保存等	書類の保存等
事業者が行う安全衛生施設の整備等に対する国の援助	事業者が行う安全衛生施設の整備等に対する国の援助
疫学的調査等	疫学的調査等

雇用の分野における男女の均等な機会及び待遇の確保等に関する法律

派 遣 元	派 遣 先
職場における性的な言動に起因する問題に関する雇用管理上の配慮	職場における性的な言動に起因する問題に関する雇用管理上の配慮
妊娠中及び出産後の健康管理に関する措置	妊娠中及び出産後の健康管理に関する措置

なお、次の点は特に留意してください。
① 派遣労働者の日常の勤務時間等の管理は派遣先が行いますが、労働時間等の枠組みの設定は派遣元事業主が行うものであるため、派遣先が派遣労働者に時間外労働や休日労働を行わせるためには、派遣元事業主が適法な36協定の締結・届出等を行っておかなければなりません。
② 派遣先が労働者派遣契約で定める就業条件に従って派遣労働者を労働させれば、派遣先が労働基準法又は労働安全衛生法の一定の規定に抵触することとなる場合には、派遣元事業主はその労働者派遣契約を締結してはなりません。そして、派遣元事業主がそれに反して労働者派遣を行った場合であって、派遣先がその派遣労働者を労働させたことによって労働基準法又は労働安全衛生法に抵触することとなったときには、派遣元事業主も処罰されます。
③ 派遣労働者が労働災害により死亡又は負傷等したとき、派遣先及び派遣元の双方の事業者は、派遣先の事業場の名称等を記入の上所轄労働基準監督署に労働者死傷病報告を提出する必要があります。なお、派遣先の事業者は、労働者死傷病報告を提出したとき、その写しを派遣元の事業者に送付しなければなりません。

■ 著者紹介　菊一　功（きくいち　いさお）

労働省（現厚生労働省）に労働基準監督官として入省
北海道局滝川署および福島局会津署に赴任
小田原・横須賀・川崎南・横浜北各署にて労働基準監督署長を歴任（平成16年3月退官）
平成16年4月　みなとみらい労働法務事務所開設
社会保険労務士登録（特定社会保険労務士）
安全総合調査研究会代表

著書・共著等

- ○『偽装請負と事業主責任』（労働新聞社　2007年1月）
- ○『現場監督のための相談事例Q＆A』（大成出版社　2009年12月）
- ○『リスクアセスメント再挑戦のすすめ』（労働新聞社　2012年6月）
- ○『建設業の社会保険加入と一人親方をめぐるQ＆A』（大成出版社　2013年10月）
- ○『フルハーネス型安全帯』（労働新聞社　2014年7月）
- ○『安全帯で宙づり－救助までの延命措置－』（労働新聞社　2015年7月）
- ○『高所作業の基礎知識―ハーネスやロープ高所作業の安全対策Q＆A―』（労働新聞社　2016年7月）
- ○ ビデオ『監督官はココを見る』監修（建設安全研究会　2006年12月）
- ○ ビデオ『ある現場の偽装請負の代償』監修（建設安全研究会　2008年2月1日）
- ○ ＤＶＤ『よりよい危険源のリストアップ法はこれだ』（建設安全研究会　2012年2月）

参考資料

労働者派遣法のポイント・チェックリスト等	厚生労働省・東京労働局資料
労働者派遣事業を適正に実施するために	厚生労働省・都道府県労働局・公共職業安定所資料
建設業法解説　建設業法研究会編著	大成出版社
労働災害の民事責任と損害賠償（上巻）　安西愈著	労災問題研究所
「全建統一様式」	社団法人全国建設業協会
・施工体制台帳	
・建設業法・雇用改善法等に基づく届出書（変更届）	

偽装請負　労働安全衛生法と建設業法の接点

みなとみらい労働法務事務所　　所長　菊一　功　著

平成19年8月24日　初版
平成29年9月29日　初版第6刷

発行所　　株式会社労働新聞社
　　　　　〒173-0022　東京都板橋区仲町29-9
　　　　　TEL：03-3956-3151　　FAX：03-3956-1611
　　　　　https://www.rodo.co.jp/
　　　　　pub@rodo.co.jp
印刷　　　モリモト印刷株式会社

表紙画像：ハッブル宇宙望遠鏡が撮影したM51銀河の中心部

禁無断転載／乱丁・落丁はお取替えいたします。
ISBN　978-4-89761-018-4